KB115958

할머니가 쓴 세쌍둥이 육아일기

할머니가 쓴 세쌍둥이 육아일기

1판 1쇄 발행 | 2013년 4월 25일

지은이 | 조순영
발행인 | 이선우
펴낸곳 | 도서출판 선우미디어
등록 | 1997. 8. 7 제300-1997-148호
110-070 서울시 종로구 내수동 75 용비어천가 1435호
☎ 2272-3351, 3352 팩스: 2272-5540
sunwoome@hanmail.net

값 10,000원

※ 이 도서의 국립중앙도서관 출판시도서목록(CIP)은 서지정보유통지원시스템 홈페이지(http://seoji.nl.go.kr)와 국가자료공동목록시스템(http://www.nl.go.kr/kolisnet)에서 이용하실 수 있습니다. (CIP제어번호: CIP2013003888)

ISBN 89-5658-344-0 03590

할머니가 쓴

세쌍둥이 육아일기

조순영 지음

선우미디어
sunwoomedia

용인양지리조트(2011 3. 19개월)

책을 펴내며

아이의 형제

우리나라가 2050클럽에 합류하였다. 소득 2만 불에 인구 5천만 시대, 세계에서 일곱 번째로 자리매김하게 된 원동력 인구 오천만! 반가운 일이다. 이러한 사실에 긍지를 가지면서도 향후 30년 내에 생산 가능 인구 700만 명이 감소하리라는 통계청의 통계이다. 결혼을 해도 애를 낳지 않는 이 세태가 우리나라의 경제와 국력에 걸림돌이 될 것이라는 우려의 목소리가 적지 않다.

그런 의미에서 세쌍둥이를 낳아서 졸지에 아들 넷을 둔 우리 큰아들 내외가 새삼 자랑스럽다. 세 살 터울에 큰손주 밑으로 세쌍둥이를 본 것이다. 아들내외는 인생을 여유롭게, 그리고 한 아이를 소수 정예로 잘 키워보겠다는 꿈은 멀어졌지만 나름 행복해 한다.

엊그제 저녁 컴퓨터를 고쳐달라고 큰아들을 불렀더니, 세쌍둥이까지 딸려 왔다. 마침 전병 한 상자 있었는데 어찌나 맛있게 잘 먹는지 '사각사각' '오두둑 오두둑' 나뭇잎에 왕빗방울 떨어지는 소리처럼 아주 경쾌했다. 동그랗게 둘러앉아 먹는 모습들이 마치도 토끼가 입을 오물거리며 먹는 양, 예뻐서 꼭 깨물어 주고 싶었다. 아들은 적지 않은 연봉임에도 '벌어서 이 애들 먹이고 입히기 바빠요'라고 엄살을 부리지만 얼굴엔 웃음이 가득, 힘이 넘쳤다.

큰손자는 자기만 생각하는 경향이 있어 며느리가 조금은 힘들어 하기도 했다. 그것도 잠시, 아이들이 커가면서 저희끼리 보고 협동하며 살아가는 법을 터득할 것이다. 기다릴 줄도 알고 양보도 할 줄 아니 인성공부는 따로 하지 않아도 되리라. 여러 형제가 서로 조율하면서 자라다 보면 타인을 생각하고 배려하는 걸 익혀서 한 시민으로 살아가는데 무리가 없을 듯하다. 우리가 어렸을 때를 생각해보면 많은 형제 속에서도 형제끼리 우애 있게 자랐다. 그때처럼 부모가 남의 자식과 비교하지 않고 피해의식 갖지 않고, 욕심을 줄인다면 다자녀를 두고도 행복하고 원만한 가정을 이룰 수 있다는 생각이다. 가끔 주위에 호화롭게 키운 자식들로부터 버림받는 부모도 생겨난다. 남부럽지 않게 결혼까지 시켜놓고 나니 어느 날 소식도 없이 이민을 간 경우도 있다. 모두 그런 것은 아니겠지만 한 자녀로 부모 혜택 많이 받고 자란 사람일수록 이기적이기가 쉽다.

아이들을 낳아 기르려면 경제적인 문제, 올바르게 키울 수 있는 환경문제 등이 뒤따르기 마련이다. 그런데 무엇보다도 자녀가 바르게 성장하려면 부모의 정성과 넘치지도 모자라지 않는 사랑과 관심이 중요하지 않겠는가. 사회구조상 불가피한 현상이지만 항상 경쟁에서 이겨야 하고, 이겨야만 살아남는다고 가르치는 부모가 되어서는 곤란하다. 아이들은 성격도 취미도 제각각인데 아이의 개성은 생각지 않고 경쟁심만 부추기는 건 불행한 일이다.

어머니로서의 자세는 차별하지 않고, 남과 비교하지 말고 마음 담은 사랑의 물 듬뿍 주어 정성껏 기를 일이다. 낙숫물은 언제나 제자리에 떨어지는 법. 절대로 다른 곳에 떨어지지 않는다.

나는 맞벌이 주부로 대식구가 함께 사느라 생활의 질 같은 것은 따질 여력도 겨를도 없었다. 둘만 낳아 잘 기르자는 정부시책에 따라 낳고 보니 아들 둘이었다. 그때는 아들이 최고의 가치였고, 종가니까 아들도 둘은 돼야 한다고 만족했다. 그런데 세월이 흐를수록 딸이 있었으면 했다. 우리가 경제적 부담을 질 각오로 야만인 소리까지 들으면서 삼남매를 뒀다. 낙태를 시키려고 병원차가 산꼭대기까지 올라가 지켜 서서 협박성 회유까지 하면서 산아제한을 종용할 때였다. 먼 나라 이야기 같지만 불과 30년 전의 일이다. 좀 더 멀리 바라보는 인구정책, 정부시책이 못내 아쉽다.

자식을 하나만 낳아서 잘 기르자는 생각은 위험한 것 같다. 조금만 깊게 생각해도 답은 금방 나온다. 형제가 있는 아이, 형제가 없는 아이, 어느 쪽이 좋겠는가. 가임여성이라면 주저하지 말고 아기를 더 낳아 형제 있는 아이를 만들어주면 좋을 것 같다. 맛있는 걸 먹어도, 좋은 옷을 입혀도 서로 거울처럼 마주보고 웃을 수 있는 형제 남매면 얼마나 좋을까. 나아가서 국력도 기르고, 이러한 희망에 부응하는 정부시책이 좀더 적극적이어야 하지 않을까. '둘만 낳아 잘 기르자'가 아니라 '다자녀 낳아 잘 기르자'라든가 말이다. 따라서 우리나라 방방곡곡에 아기의 울음소리가 많이 들리는 마을. 젊은 혈기가 넘치는 나라가 되었으면 좋겠다. 나라에서 출산장려책을 위해 구체적인 방안이 이루어지면 좋지 않을까 싶다.

2013년 4월 **조 순 영**

차례

세쌍둥이 기헌, 기환, 기웅의 첫돌

세쌍둥이의 세상나들이 첫걸음

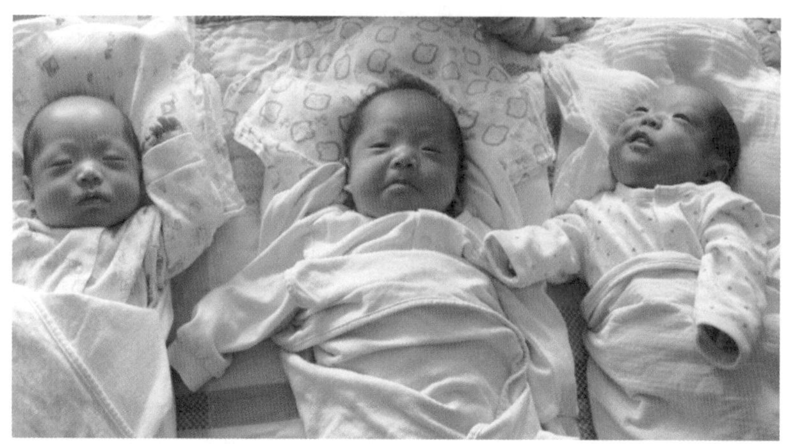

2009. 10. 18 생후 80일(원래 출산 예정일 기념사진)

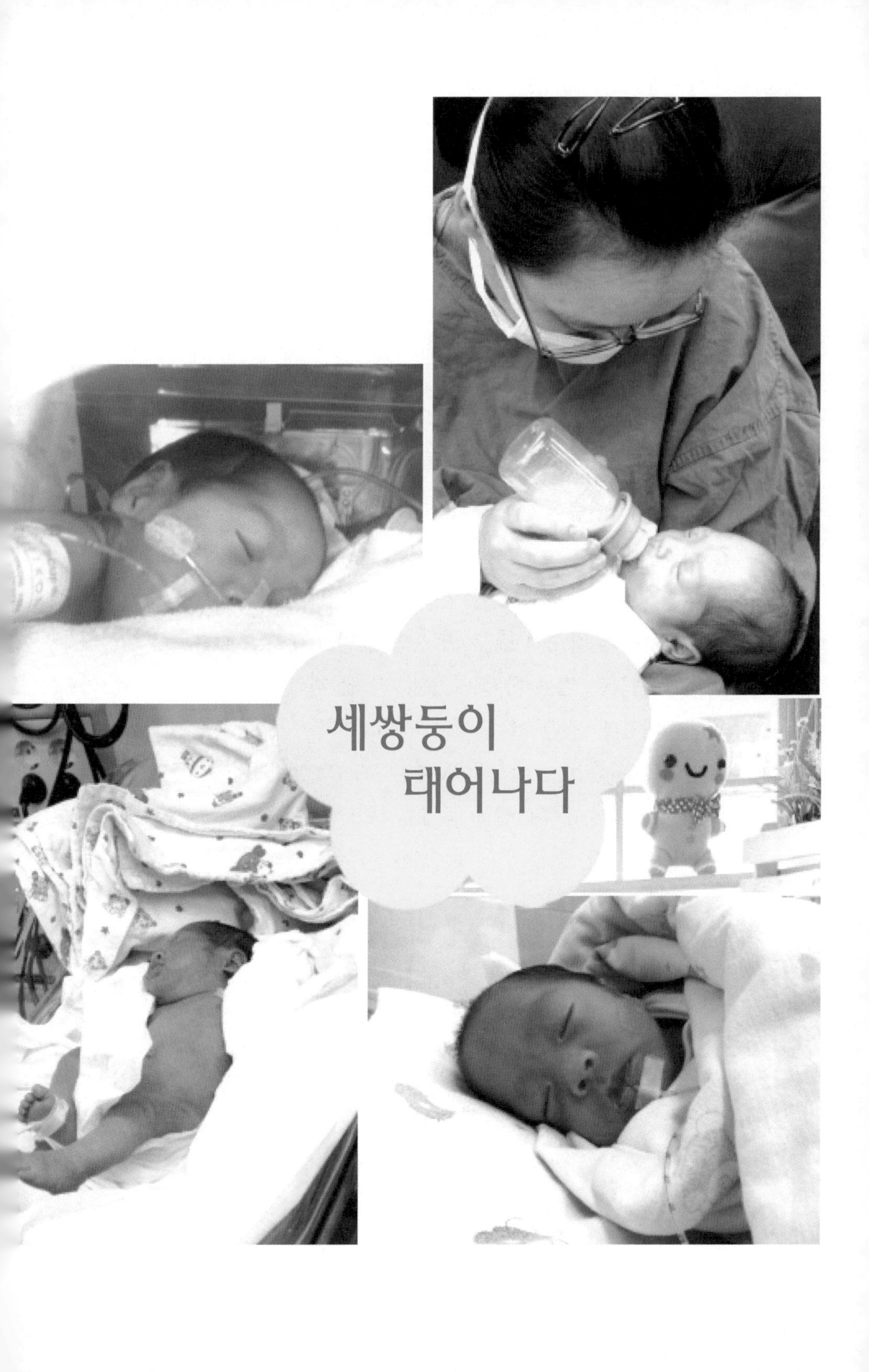

세쌍둥이 태어나다

우리 가족

지방에 살고 있는 큰아들네가 서울로 이사를 왔다. 아이들을 자연 속에서 키우고 싶다는 아들내외는 신혼살림을 그쪽에 차렸었다. 맏손자 밑으로 세쌍둥이까지 낳아서 아들만 넷인 가장이 되어 대식구가 된 지 일 년이 지난 후의 일이다. 맏손자를 낳고 한동안 소리 없이 살던 중, 하루는 세쌍둥이를 임신했다고 기별이 왔다.

내가 가난한 집 종부로 30년 동안 맞벌이 주부로 살다보니 아들네는 나처럼 사는 걸 원하지 않았다. 저희들끼리 행복하게 사는 게 나의 바람이었다. 젊은 날 고생이 버거워 나는 남들이 원하지 않는 나이 먹기를 원했었다. 불행인지 다행인지 IMF때 명예퇴직을 했다. 자유의 몸이 되어 동주민센터 등에서 하고 싶은 공부를 하면서 행복이 무언지 알 무렵, 아들네도 행복하게 사는가 했더니 세쌍둥이를 가졌다니 황당했다.

양가에서 별로 도움을 줄 수 없는 형편이기도 했지만, 지인 중에 세쌍둥이를 힘겹게 키우던 집 할아버지가 병까지 얻어 병상생활을 하는 것을 본지라 염려가 되지 않을 수가 없었다. 아들내외는 다음에 낳았으면 좋겠다는 우리 부부의 어려운 청을 꺾고 사내아이 셋을 보태서 아들만 넷을 둔 부모가 되었다.

갖은 고생하며 버티던 아들내외가 1년이 지나자 더는 버틸 수 없었던지 우리 집 2층으로 이사를 오고 싶다고 했다. 아무리 내 집이라 해도 마음 놓고 살고 있는 사람들을 내 맘대로 내보낼 수 없는 일이고, 연세가 90이 된 친정어머니까지 모시고 있는 나로선 난감하기 이를 데 없었다.

게다가 내가 관절염까지 앓고 있는 걸 알면서 얼마나 견디기 어려웠으면 그럴까 싶기도 하다. 그러면서도 아무리 좋은 사이도 너무 가까이 살다 보면 기대가 원망으로 변하기 쉬운 일이 아닌가. 무엇보다도 이제까지 잘 지내고 있는 우리 고부관계가 나빠지는 것이 가장 큰 염려였다.

그래서 집으로는 어렵고 인근 서민 아파트로 이사하자고 의견이 모아졌다. 어머니는 낙상을 당하셔서 고관절 수술을 받고 한 달 이상 병원에 계시다 퇴원한 지 오래 지나지 않았는데 아이들까지 이사를 했으니 내 몸은 몇 개라도 모자랄 정도로 바빠졌다. 그런 나를 보며 친구들이 누군가의 보호를 받아야 할 나이에 보호는 고사하고, 위아래로 치받고 눌려서 얼마나 힘드냐고 위로해줬다.

휠체어에 탄 어머니 모시고 병원으로 공원으로 다니는 것만으로도 힘이 부치는데 나라의 도움은커녕 도우미도 마음 놓고 못 쓰는 며느리를 도와 손자들을 돌보느라고 등줄기에 땀이 가실 사이가 없다. 그러면서도 부모사랑을 독차지하던 맏손자가 갑자기 불어난 동생들로 인해 소외감을 느낄까봐 아들내외는 보통 신경 쓰는 게 아니다.

게다가 나에겐 60이 가깝도록 결혼을 안 한 남동생까지 있다. 어머니는 아플 때는 아프다는 말씀을 입에 달고 살면서, 잠시 아픔이 가실 때는 남동생과 출가한 여동생 걱정까지 하신다. 아들의 도움으로 사실 연세에 큰딸에게 얹혀살면서 따로 사는 자식들 걱정만 하시는 어머니가 때론 야속해서 원망도 하지만, 동생에게 반찬이라도 챙겨다 주면 어머니는 그렇게 좋아하실 수가 없다. 결국 어머니에게 효도하는 일은 어머니 자신은 물론, 혼자 사는 남동생까지 돌보아 주는 일이다. 그런데 마음뿐이다.

언젠가 아들은 자신을 길러 준 외할머니와, 처의 조부님까지 챙겨야 하는 처지를 나에게 하소연한 적이 있었다. 그럴 때 나는 그애에게 "모든 역할은 수행할 만한 능력이 있는 사람에게 주어지는 것이니, 아무래도 네가 그만한 능력이 있는 모양이니 기꺼이 수행하라." 고 충고한 적이 있었다. 그런 아들이 지금은 저 하나 꿈을 접고 가족이 행복할 수 있는 길을 자신의 행복으로 삼겠다고 한다. 나는 가슴이 저미면서도 그런 아들이 든든하고 대견하다.

어렸을 때 직장에 다니는 나를 대신해서 외할머니 손에서 자랐어도 건강한 정신으로 자란 아이들에게 고마움을 느낀다. 남편 또한 공직에서 정년퇴직한 후 한 중학교에서 배움터 지킴이로 성실하게 봉사를 하고 있다. 지금 나는 아들에게 했던 말을 나 자신에게로 돌리면서 위로로 삼고 있다.

늙어서는 고독이 제일 무서운 병이라는데 그럴 사이 없이 살고 있으니 이 아니 행복한가. 지금이야말로 가장 절실하게 나의 힘이 필요한 때 힘을 보태면서 노후를 보내고 있으니, 내가 어머니와 자식들에게 진 빚을 갚아야할 절호의 기회라는 생각이 든다. 세상에 공짜는 없다지 않은가.

'몸은 비록 고달프지만 마음이 편하면 그것이 행복'이라고 마음을 바꾸니 천국이 바로 거기에 있었다. 가만히 있다가도 세쌍둥이 생각만 하면 절로 웃음이 나온다. 가까이 있으니 아이들이 보고 싶을 때는 언제라도 달려 갈 수 있으니 이것이 복중의 복이 아닐까싶다.

나는 오늘도 행복을 만나러 아들네 집으로 달려갈 것이다. 우리 가문을 빛낼, 우리 고장을 빛낼, 그리고 장차 우리나라를 빛낼 꿈나무들에게로.

할아버지와 할머니, 삼촌도 함께 했다(2011. 5.)

세쌍둥이를 분만하는 며느리

♣ 2009년 7월 27일 월요일 맑음

며느리가 세쌍둥이를 임신했다고 한 지가 엊그제 같은데 어느새 7개월째이다.

때마침 나는 우리 동네 재개발 시공업체가 제공하는 동네 조합원들과 이천의 온천관광에 나섰다.

목욕을 마치고 5시쯤 식당으로 향하는 버스 안에서 휴대전화를 켜니 남편과 아들로부터 수없이 전화가 와있다. 급히 전화를 거니 임신 중인 며느리가 위급해져서 119로 청주에서 서울대병원으로 입원했다는 것이었다. 남편과 아들은 마치도 내가 며느리를 위급하게 만든 장본인이라도 되는 것처럼 온갖 원망의 화살을 내게 쏟아댔다.

나는 두 남자의 원망을 고스란히 받으면서도 뭐라 할 말이 없었다. 그러나 관광버스에서 내려서 시외버스로 돌아올 형편도 되지 못했으니 시공업체에서 베푸는 호화로운 밥상도 그림의 떡이다.

집에 도착한 시각은 8시가 넘었다. 큰손자 기윤이가 얼마나 놀랐는지 오줌을 싼 채 울고 있었다. 달래가며 간신히 목욕을 시키고 입힐 옷도 없어 상가에 급히 달려가서 옷을 사다가 입히고 병원으로 데리고 갔다. 제 엄마를 보자 안심이 되었는지 기윤이는 잠이 들었다.

내일 아침에 당장 직장에 나가야 하는 아들은 제 아내를 어미인 나에게 부탁하고 큰손자와 청주의 제 집으로 돌아갔다. 아들은 기윤이를 돌봐주는 아주머니 댁에 맡기고 출근하여야 한다.

내가 온천놀이에서 돌아오기까지 며느리를 돌봐준 며느리의 큰어머니와 사촌큰언니를 밤 11시쯤 돌아가시도록 했다. 위급할 때마다 기꺼이 달려오는 안사돈에게 면목이 없다.

며느리는 팔다리가 저리다며 고통을 호소한다.

어찌나 손발이 작은지 내 손에 쏘옥 들어온다. 그런 며느리가 더 안쓰러웠다. 내가 시어머니이니 어려울 법한데도 얼마나 아프면 자기 팔다리를 내맡기겠는가. 나는 정성껏 며느리의 다리를 주물렀다. 발바닥 여기저기에 굳은살이 박혀있었다.

아기가 뱃속에 오래 있도록 돕는 주사를 놓았는데도 주기적으로 진통이 왔다. 진통횟수를 체크하면서 소변 양도 검사했다. 200cc를 두 시간 간격으로 본다.

♣ 2009년 7월 28일 화요일 맑음

며느리가 입원한 분만실에는 간병인이 같이 잘 수가 없다. 어쩔 수 없이 병원 2인실을 얻어서 잠시 눈을 붙였는데 새벽 2시에 눈이 떠졌다. 어떻게 할까 잠시 생각하다가 아무래도 마음이 놓이지 않아서 나 역시 지친 몸을 이끌고 분만실로 갔다.

비록 잠을 설쳤지만 며느리에게 오기를 잘했다 싶다. 며느리의 고통은 심각했다. 옆으로 자세를 바꾸려 해도 몸을 서너 번 굴려야 할 정도로 몸이 무거웠다. 손발이 저려서 먼저 다리를 세우고 몸을 반듯하게 한 후에야 간신히 움직일 수 있다. 소변기를 대고 소변을 누이는데도 몸을 꼼짝할 수 없어서 간호사의 도움을 받아야만 할 정도였다.

아무 것도 먹지 못하고 계속 링거만 맞으며 아기 올려 붙는 주사와 아기의 폐가 생성되는 주사를 포도당에 섞어 맞고 있다. 얼마나 힘겨운지 며느리가 진땀을 줄줄 흘린다. 이렇듯 고통을 겪고 있는 며느리를 도무지 나 혼자서는 어찌할 수가 없어 마음만 바짝바짝 탔다.

아침 일찍 어제 수고해 주신 팔순의 안사돈(며느리 큰어머니)께서 또 큰따님과 함께 오셨다. 팔순의 안사돈께서도 조카딸의 고통이 안타까워서 어쩔 줄 몰라 하신다.

♣ 2009년 7월 29일 수요일 맑음

며느리는 간호사실을 오가면서 시중드는 시어미가 민망했던 지 간병인을 신청했다. 며느리는 나에게 자꾸만 집에 가서 쉬라고 강권한다. 간병인에게만 며느리를 맡기는 것이 마음이 안 놓였지만 그동안 피로가 쌓여 눈좀 붙여야겠기에 집으로 왔다.

샤워를 하고 잠시 쉬려는데 간병인으로부터 빨리 와야겠다는 전화가 왔다. 아들도 함께 왔으면 좋겠다는데 청주에서 바로 올 수가 없으니 애만 탔다. 저녁을 준비해 놓고 가려 했으나 마음이 바빠 잠시도 지체할 수가 없다. 빵 두 봉지와 복숭아 한 상자, 며느리가 좋아하는 체리 한 상자를 사들고 택시를 타고 병원으로 달려갔다.

큰아들도 연락을 받자마자 5시쯤 청주에서 출발했다고 한다. 길이 막히지 않아야 7시경에나 도착할 수 있다고 한다. 이런 때는 헬리콥터가 있으면 얼마나 좋을까.

얼마나 고통스러운지 며느리의 몸에서는 계속 진땀이 흘러 내렸다. 불그스름한 이슬이 비쳐서 간호사에게 말하니 이미 진통이 진행되고 있단다. 아기들에게 어머니의 뱃속보다 더한 안전지대가 어디 있으랴. 병원에서는 자연분만을 유도하면서도 한편으로는 수술준비까지 해놓는 등 소아과까지 비상이 걸렸다.

큰아들은 병원에 도착할 때까지 나와 쉬지 않고 전화통화를 했다. 이때처럼 아들과 자주 통화를 해본 적은 없는데 아마 앞으로도 없을 것이다. 아들은 아직 병원에 도착하지 못 했지만 더는 지체할 수가 없어 7시 30분에 며느리가 수술실로 들어갔다.

수술실 입구에 혼자 남은 나는 너무나 허망하고 불안해서 멍하니 서 있었다. 가족의 소중함을 절실하게 느낀 순간이었다. 며느리를 수술실로 들여보내고 10분도 안 되어 아들이 헐레벌떡 도착했다. 제 남편이 밖에 와 있는 줄도 모르고 산고를 치르고 있을 며느리 생각에 나도 아들도 안타까워 아무 말도 꺼낼 수가 없었다. 둘 사이에 무거운 침묵만이 흘렀다.

7시 55분, 드디어 첫째아기가 태어났다. 아들과 둘이서 중환자실로 데려다 주고 뒤돌아서니 7시 58분에 둘째아기가 태어났다고 누군가 들뜬 목소리로 크게 소리치면서 침대를 밀고 나왔다. 그리고 8시에 막내 아기가 태어났다.

순산이다. 이토록 기쁠 수가 있을까. 꿈만 같았다. 한꺼번에 세쌍둥이가 태어나는 감격스런 순간을 지킨 주인공이 되다니…. 아들과 둘이 합심해서 신생아실로 아기를 데려다 주는 기쁨은 표현할 말이 없다. 첫째아기가 1.2kg, 둘째와 셋째는 각각 1.1kg이다.

막내아기는 태어나자마자 산소 호흡기를 꽂았는데 몸이 얼마나 작은지 안타까워서 바라볼 수가 없다.

♣ 2009년 7월 30일 목요일 맑음

아침에 잡곡 찰밥 두 통과 반찬을 만들어 병원으로 달려갔다. 간병인 아주머니가 정성껏 며느리를 돌보고 있다. 고마워서 5만원을 수고비로 드렸다. 오후 들어 둘째아기도 산소호흡기를 꽂았다. 첫째아기는 흰 모자를 쓰고 A석에 누워 있고, 둘째아기는 빨간 꽃무늬 모자를 쓰고 C석에 누워 있고 셋째아기는 모자를 쓰지 못하고 머리에 무엇인가 잔뜩 감은 채 E석에 누워 있다.

순산해 준 며느리가 얼마나 대견한지 모르겠다. 면회시간이 따로 정해져 있어 간병인 아주머니와 함께 아기들을 보러 신생아 중환자실로 갔다. 아주머니도 세쌍둥이는 처음 봤다고 신기해했다.

조선 초기 때 남이 장군이 유자광의 모함으로 역적으로 몰려 돌아가시는 바람에 우리는 손이 귀한 집안이었는데, 드디어 한꺼번에 손자가 셋이나 생겼으니 조상님의 음덕이 아니겠는가! 조상님께 감사했다. 네 명의 손자를 둔 할머니가 되었으니 이다음 저승에 가서 조상님들 뵐 면목은 서겠지.

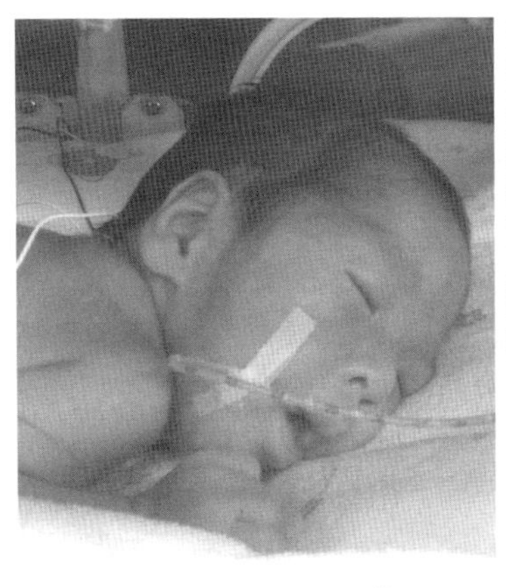
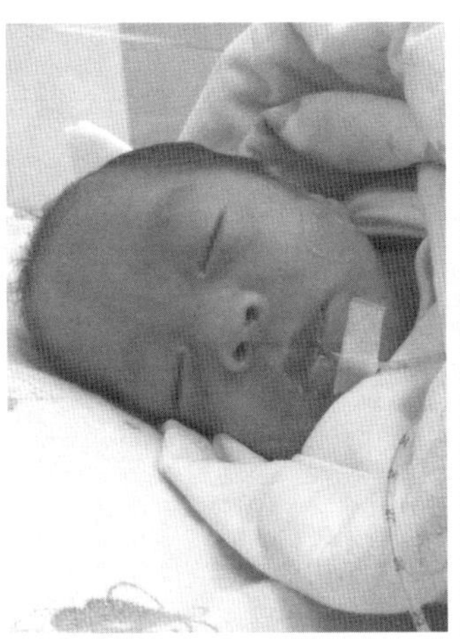
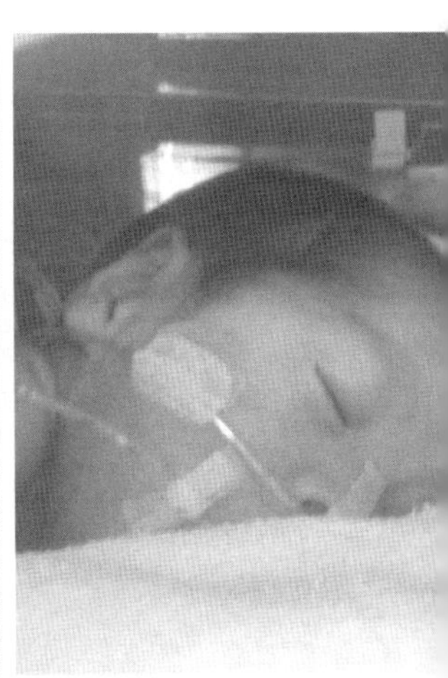
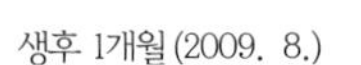
생후 1개월(2009. 8.)

세쌍둥이는 입원 중, 며느리는 퇴원하다

♣ 2009년 8월 1일 토요일 맑음

며느리가 퇴원하는 날이다. 아기들이 신생아중환자실에 입원 중이다. 우선 며느리를 우리 집에 데리고 와서 서둘러 점심을 준비하여 퇴원한 며느리에게 먹였다. 그리고 장각미역을 사고 우족을 진하게 우려내어 함께 청주로 출발하였다.

아들 승용차뒷좌석에 누워서 가는 며느리가 덮은 이불이 얇아서 마음에 걸렸다. 큰아들 내외와 큰손자 그리고 나, 넷이서 가는 기분이 남달랐다. 아마도 승용차 안 넷의 마음은 똑같았을 것 같다. 뿌듯하기도 하고 착잡하기도 하고.

세 끼를 미역국만 끓여 주니 입맛이 없나보다. 집에 있으니 전화도 자주 오고, TV도 보지 말라고 했는데 그것도 잘 지켜지지 않아 신경이 쓰였다. 그동안 어미를 떨어져 있었던 기윤이는 제 어미 곁에 붙어서 계속 치대며 귀찮게 하니 속수무책이다. 산후조리원에 예약을 했는데, 내일 2시 이후에나 입소를 하란다.

♣ 2009년 8월 2일 일요일 맑음

산모가 조리원에 입소하는 날이다. 산모가 미역국을 좋아하는데도 아침 점심 연달아 먹으니 벌써부터 물리나보다. 앞으로 한 달은 줄기차게 미역국을 먹어야 하는데 벌써부터 물리면 어떻게 하나. 예약은 2시지만 한참을 푹 재워서 4시 30분이 되어서야 입소했다. 조리원이 아담하고 깔끔하다. 방마다 화장실도 갖추어져 있고 공동 거실에는 산모들이 모여 있으니 심심할 것 같지 않다.

7시쯤 조리원을 나와 기윤이를 도우미 아주머니께 맡기고 집에 오니 밤 10시가 넘었다. 남편은 무엇을 잘못 먹었는지 설사병이 나서 힘들어 하고 있었다.

문득 큰아들 낳던 때가 생각난다. 시어머니와 친정어머니께서 오셔서 산바라지를 해주셨는데, 큰시동생이 황달이 걸렸다고 편지가 와서 서둘러 시어머니를 시댁으로 보냈었다. 주부가 집에 없으면 남은 식구들까지 아픈 건 그때나 지금이나 별로 달라진 게 없나보다.

며느리가 젖이 안 나온다고 돼지족발을 사다 달라고 해서 뭉근하게 고왔다. 삼복더위에 이 또한 쉬운 일은 아니다.

♣ 2009년 8월 8일 토요일 맑음

오늘은 남편과 둘이서 청주에 가기로 한 날이다. 세쌍둥이가 있는 서울대병원에서 큰아들과 만나기로 했는데 한 시간 정도 기다렸다. 하남에서 많이 막히나보다. 등나무 아래서 참새가 덩치 큰 비둘기 먹이를 빼앗고 있다. 눈만 퀭한 환자인 아들에게 무언가 손가락으로 가리키면서 설명하는 아버지 모습이 인상적이었다.

2009년 8월 9일 일요일 맑음

청주 아들네 집이다. 잘 놀던 기윤이가 한 번씩 떼를 쓸 때는 진땀이 난다. 속이 멀쩡한 아이가 고집을 피우니 답답하다. 제 아비 말대로 잘 설득을 시켜야 하는데 성미 급한 이 할미는 아이를 볼 수 없다고 할아버지에게 투정한다. 할아버지와 아들과 손자, 삼부자는 차분한 성품이 비슷하다. 자동차 왕이 꿈인 기윤이는 자동차에 관한 지식이 해박하다.

오후에는 청주국립박물관에 갔다. 청소년 박물관에는 화랑 5계, 측우기, 소리를 측정할 수 있는 계기와 지방 학생들의 불화그림이 전시되어 있었다. 제 아빠가 피아노를 치니 기윤이는 고개를 까딱까딱하면서 발로 장단을 맞추고 있다. 생각도 말짱하고 표현력이 뛰어나 놀랍다. 우리 큰손자가 과학에다 음악에까지 조예가 깊은 것 같아 기대가 크다.

♣ 2009년 8월 10일 월요일 맑음

아들네 집에 온 지 3일째다. 남편은 집에 가고 싶어서 좀이 쑤시는 모양이다. 그러는 남편에게 휴가 온 셈치고 내일 함께 가자고 했더니 주저앉는다. 남편 혼자 집에 보내고 혼자 이곳에 남는다면 얼마나 마음이 무거웠겠는가.

기윤이가 제 아빠가 출근하려고 하니 회사 가지 말라며 떼를 쓴다. 우는 아이를 간신히 달랬더니 이번에는 엄마에게 가잖다. 몸조리하는데 어미 힘들게 하지 않았으면 좋겠는데, 아이의 집념이 얼마나 강한지 이겨낼 장사가 없다.

어제 간 박물관에서 모기에게 기윤이가 팔다리 여기저기를 물렸는데, 제 아빠가 대놓고 말은 못해도 우리 때문이라고 원망하는 것 같아서 마음이 불편했다. 부모 앞에서 지나치게 자식사랑을 드러내면 안 되는데, 부모 마음을 헤아리지 못하는 아들이 야속하다. 내일은 아기 보는 아주머니를 불렀단다. 내가 호강하려고 너희 집에 와있는 게 아니라고 했더니 어머니 좀 편하시라는 뜻이었다고 한다. 지금 돈 들어갈 일이 얼마나 많은데 그러냐고 말해 주었다.

♣ 2009년 8월 11일 화요일 비

기윤이가 아침부터 울고불고 난리다. 호수도 싫고 박물관도 싫단다. 그럼 엄마에게 가자고 데리고 나왔다. 호수 쪽으로 가는 걸 어떻게 알고 안 가겠다고 한다.

어쩔 수 없이 기윤이를 데리고 산후조리원에 가서 제 어미와 놀게 하는데 많은 비가 내리기 시작했다. 기윤이에게 집에 가자고 하니 또 떼를 썼다. 아이가 좋아하는 아이스크림도 싫다고 해서 제가 원하는 대로 멀리 있는 장난감 가게까지 가서 자동차를 사주고서야 집으로 데려올 수 있었다. 제 아비는 아이가 떼쓰는 대로 사 주지 말라고 하지만, 할아버지 할머니의 약한 면을 알고 그러는지 아니면 버릇이 그렇게 굳혀졌는지 알 수가 없다. 옷은 흠뻑 젖고, 이럴 줄 알았으면 도우미 아주머니를 오라고 할 걸 후회가 되었다.

모든 게 떼만 쓰면 통하게 버릇을 들여 놓으면 안 되는데 하고 걱정이 되었다. 제 아빠와 목욕을 하기로 철석같이 약속을 해도 할머니에게 떼만 쓰면 무사통과하니 답답하다.

큰아들은 세쌍둥이 아기들이 먹을 모유를 병원에 갖다 주고 집에 오니 새벽 1시였단다. 아범의 고생이 이만저만이 아니다. 앞으로의 험난한 길-.

앞으로 큰아들이 감당해야 할 어깨의 무게를 생각하니 한없이 안쓰럽다. 그의 고생은 이제 시작일 뿐인데….

시어머니와 며느리의 차이

♣ 2009년 8월 15일 토요일 맑음

청주 아들네 집에 갈 수도 그렇다고 아니 갈 수도 없다. 며느리에게 관심을 보일 수도 안 보일 수도 없다. 몸조리를 하고 있어야 할 며느리가 왜 서울에 오려고 하는지. 산후풍에라도 걸리면 어떻게 하려고…. 나는 강하게 제지도 못하고 가슴만 탄다.

시집식구가 부담이 되는 건 고금을 막론하고 같은 일인가보다. 내가 어떻게 해줬으면 좋겠다는 말이나 분명히 해주면 마음이 편하련만. 저희가 연락을 하기 전에는 참고 기다려야겠다.

나도 직장에 다니면서 친정어머니에게 아이들을 맡겼는데 평생 그 부담에서 벗어나지 못한다. 그러고 보면 내가 어떤 행동을 하기보다는 아들부부에게 맡겨놓는 게 현명할 것 같다. 그러나 기윤이가 먹을 마른반찬을 만들어 놨으니 가져가고 싶으면 가져가라는 전화는 해야겠다.

♣ 2009년 8월 16일 일요일 맑음

연 4일째 서울이 섭씨 34.4도를 오르내리는 폭염이다. 10시 30분. 이 더위에 며느리가 에어컨도 켜지 않은 채 차 뒷좌석에 누워서 오고 있다는 전화다. 며느리의 외할머니가 당신의 외손녀와 외증손자들을 보고 싶어 하셔서 서울대학병원에서 만나기로 했다고 한다. 기윤이 반찬을 가져가라고 하고 싶었지만 외할머니까지 모셔다 드려야 할 아들생각에 집에 들르지 말고 그냥 청주로 돌아가라고 했다.

말은 그렇게 했지만 내심 아들 내외가 들러주기를 바라고 있었던 것 같다. 하루 종일 전화기에만 신경을 썼는데 그애들로부터는 끝내 아무 소식이 없었다. 나 혼자만의 다짐을 깨고 저녁 9시 반쯤 전화를 걸고 말았다. 죄송하다며 연신 조아리는 며느리의 목소리가 전화기 너머에서 들려왔고 남편은 그것도 교육이라며 잘했다고 거든다.

우이천 물이 맑아서 두루미와 비둘기, 참새까지도 한데 어울려 즐겁게 노는 모습이 참 평화롭다. 그걸 보기 위해 몰려드는 사람은 또 얼마나 많은지 보기만 해도 행복한 마음이 된다. 기윤이에게 보여주면 얼마나 좋아할까. 자지러지는 웃음소리를 듣고 싶어서 혹시나 하고 기대를 했는데 기대는 실망으로 끝나고 말았다.

아들 말에 의하면 큰아기는 1.32kg, 둘째가 1.24kg, 셋째아기가 호흡이 느려서 오늘 내일 지켜보아야 하는데 항생제를 먹여야 할 것 같단다. 세 아기 모두 무탈하게 잘 자라주었으면 하고 천지신명께 간절히 빌고 또 빈다.

이제 태어난 지 19일이 되었는데 성장속도가 너무 더디다는 말에 안타깝다. 증조외할머니께서 아기들이 똘망똘망하다고 하셨다고 한다.

남편은 혼잣말로 "이렇게 살고 있는데…"라며 말끝을 흐렸다. 자식들 다 키웠으니 신경 쓰지 않고 편하게 살려 했는데 한시도 마음을 놓을 수 없는 현실이 안타까운가 보다.

♣ 2009년 8월 17일 월요일 맑음

새벽 4시 20분에 걷기를 하려고 친구와 함께 나왔다. 어제 밤에 죽을 것 같던 찜통더위는 어디로 가고 이토록 상쾌한 바람이 나를 날아가게 만드는 걸까. 새벽 산책이 이토록 행복할 수가 없다.

아들이 어제 들르지 못해서 죄송하다며 전화를 했다. 마침 아기이름을 지어서 보내놓고 어떻게 됐나 궁금해 하고 있던 차였다.

큰아기는 기헌(基憲), 둘째아기는 기환(基晥)으로 결심이 섰는데 막내이름은 아직 고민 중이란다. 몸이 약한 아기여서 곰처럼 건강하고 우직하게 자라라고 우리 부부는 기웅(基熊)이 좋겠다는 생각이나 선택은 제 부모 몫이기에 그애들에게 맡기기로 했다.

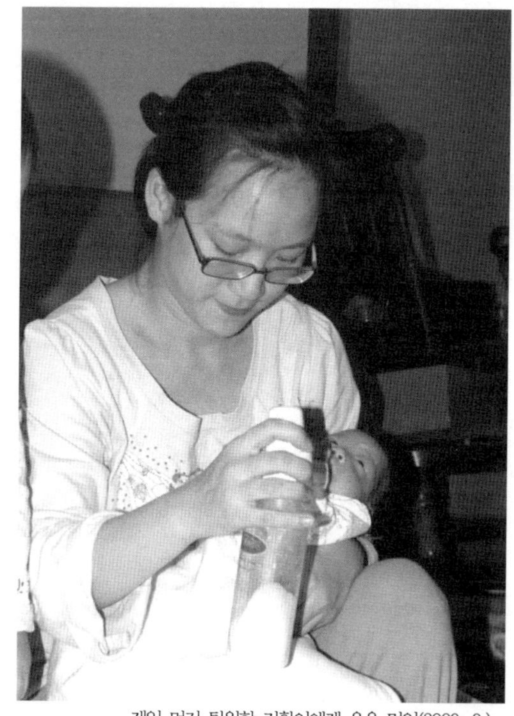

제일 먼저 퇴원한 기환이에게 우유 먹임(2009. 9.)

세쌍둥이에게 이름을 지어주다

♣ 2009년 8월 18일 화요일 흐림

아들이 세쌍둥이 이름을 정했다며 전화를 했다.

기헌(基憲), 기환(基晥), 기웅(基熊)이라고 한다. 기헌이는 법처럼 흔들림 없이 든든하게 자라라고, 기환이는 언제나 밝고 환한 인생이 전개되라고, 기웅이는 곰처럼 건강하고 우직하게 잘 자라라는 우리 가족 모두의 간절한 뜻이 숨어 있다. 이름에 담긴 우리의 소망대로 세쌍둥이 모두 건강하게 쑥쑥 잘 커줄 것이라 믿는다.

친정어머니가 저녁 때 연락도 없이 절에서 돌아오셨다. 어머니께서 아기들이 보고 싶다고 하셔서 아들네로 전화를 거니 면회시간에 맞추어 병원에 가면 된다고 한다. 노인이 몸은 절에 있으면서도 아기들 생각을 많이 하신 모양이다.

♣ 2009년 8월 19일 수요일 맑음

며느리가 산후조리원에서 지낸 지 어느새 2주가 된다. 기윤이가 도우미 아주머니네 집에 가는 걸 싫어해서 집에서 기윤이를 돌본다. 이제 며느리도 집에서 지내기로 했단다.

아기 젖이 어떤가 싶어서 전화를 거니 어차피 금요일에 올라올 것이라며 젖이 모자라면 우유를 먹이게 할 테니 신경 쓰시지 말라고 한다.

친정어머니와 둘이 병원으로 아기들을 보러갔다. 많은 보호자들이 초록색 가운으로 갈아입고 한순간이라도 자기 아기들을 먼저 보려고 벼르고 있다가 시간이 되자 밀치듯이 들어간다. 우리도 초록색 환복으로 갈아입고 손을 씻고 마스크를 하고 신생아실 앞에 섰다. 간호사에게 먼저 인사를 하고 큰녀석부터 차례대로 만났는데 제 할머니들이 온 줄도 모르고 새근새근 잠을 자고 있다.

간호사들이 한 명씩 따로따로 돌보아 주지만 한 방에서 삼형제가 서로 의지하며 잘 자라고 있구나 생각하니 마음이 진정된다. 남들이 한 아기만을 볼 때 우리는 셋을 다 봐야 하기에 오래 머무를 수가 없었다.

처음에 보았을 때는 모자도 못 쓰고 있던 셋째아기 기웅이도 이제는 분홍색 모자를 쓰고 손을 움직이면서 입을 오물거리고 있다. 면회 종료시간이 되어 아쉬움을 안고 신생아실을 나왔다.

아기들을 병원에 두고 나오는 마음이 허전했다.

♣ 2009년 8월 21일 금요일 맑음

하늘이 높디높아 하늘을 향해 손을 마구 흔들어 보았다. 새벽에 학교 운동장에 부는 바람까지 어찌나 시원한지 모르겠다. 아침에 오늘 병원에 들르는 날이라고 아들이 전화를 했다. 내가 반찬을 해가지고 병원에 가겠다고 하니 고조할아버지 제사에도 오지 못해 죄송하다며 저희들이 다녀가겠다고 한다.

그때부터 나는 바빴다. 김치를 담그고, 감자볶음을 하고, 고추절인 것 무치고, 우족을 챙겨 놓았다. 아들 며느리는 아기들이 퇴원할 때까지 주말마다 병원에 들러 아기들을 들여다 볼 거라고 한다. 며느리는 우리 집에서 하루 자고 가고 싶은데 큰손자가 저희 집에 가자고 졸라서 돌아가야 한단다. 큰손자는 갑자기 동생들이 셋이나 생겼으니 어린 마음에 상처가 클 것이다. 동생들이 퇴원하면 더 상처 받을 걸 생각해서 지금 실컷 시중을 들어주라고 일렀다.

며느리가 오후 3시 예약이고, 7시에는 아기들 면회이므로 중간에 밥을 먹으러 오겠다고 한 아이들이 8시 30분이 되어서야 집에 왔다.

기다림은 언제나 지친다. 차가 막혔나 했다. 아이들이 집에 다녀가니 마음이 놓인다. 큰아기는 1.39kg, 둘째아기는 1.37kg 막내는 1.34kg이란다. 아기들이 피부도 뽀얘지고 큰아이는 웃는 모습까지 보였단다. 휴대전화에 찍힌 사진을 보니 손도 길쭉하고 코도 제법 컸다.

남편이 큰손자 기윤이 오줌 누이는 일을 도와주니 보기가 좋다. 아이 셋이 퇴원을 하면 그때부터 북새통일 텐데….

♣ 2009년 8월 26일 수요일 비

대학병원에 아기들을 보러갔다. 첫째 녀석은 엎드려 자고 있었다. 내가 웃으며 "할머니가 왔는데도 잠만 자네." 하니 간호사가 바로 뉘어 준다. 몸무게가 1.5kg이고 3시간에 한 번씩 30cc의 우유를 먹는다고 친절하게 말해 준다. 1달 사이에 300g이 자랐다. 머리는 장두형으로 흔히 말하는 짱구다. 어떤 특성을 타고 났을까 궁금하다. 피부는 연살색으로 돌아왔다. 둘째는 1.48kg으로 하루에 8번, 우유를 28cc씩 먹는단다. 이 녀석은 어젯밤 산소 주입을 하지 않았더니 힘들어하는 것 같아 다시 산소를 주입하느라 머리를 붕대로 감고 손은 위로 만세를 부르듯 잠을 자고 있었다. 막내는 똘망똘망 1.46kg으로 3

시간 마다 28cc씩 우유를 먹는다고 한다. 모유도 왔고 며느리가 전화도 했단다.

한번 전화를 걸 때마다 세 번씩은 같은 말을 해야 하는 것이 아닌가 생각되었다. 처음엔 한 집밖에 없었는데 면회시간이 되자 우르르 사람들이 몰려들었다. 앞으로는 화요일이나 목요일로 면회시간을 조절해야겠다. 있는 듯 없는 듯 무럭무럭 자라라고 기도했다.

♣ 2009년 8월 30일 일요일 비온 후 맑음

아침에 비가 많이 오니 아들네가 서울 올 일이 걱정되었다. 병원에 들러서 아기들을 만나고 온 아들 며느리가 둘째가 드디어 인큐베이터를 벗어났다고 한다. 살도 뽀얗다고 부부가 신이 나서 이야기를 했다. 나도 기뻤다. 이제 한 주나 두 주 후면 모두 퇴원을 한단다. 의료의 힘이 대단하다.

며느리가 돼지 불고기가 먹고 싶다고 해서 여섯 명이 맛있게 먹었다. 아들도 맛있었다고 나에게 인사를 했다.

점심식사 후에 온 가족이 함께 우이천에 가서 물고기를 보면서 놀았다. 맑은 물에 흐느적대며 여유롭게 노니는 물고기들의 모습이 편안해 보였다. 물고기를 들여다보며 나는 아직도 결혼을 하지 못하고 있는 작은아들 선우에게 노력하는 삶을 살았으면 좋겠다고 가만히 말해 주었다.

한 집 식구가 시간을 함께한다는 것은 행복한 일이다. 큰손자 기윤이가 집에 가자고 조르니 가야 한다. 이제 세쌍둥이들이 퇴원할 날도 얼마 남지 않았다.

♣ 2009년 8월 31일 월요일 맑음

하늘은 높고 푸르다. 거실에 앉아 가만히 감나무 꼭대기를 올려다 보니 부리가 길고 뾰족한 찌르레기 두 마리가 한가롭게 앉아있다. 가끔은 청아한 소리로 우짖기도 한다. 나뭇가지에 마주 보고 앉아서 무슨 생각을 할까?

호주로 떠날 날이 얼마 남지 않은 딸 연서가 설거지를 잘해 주어서 좋다. 싱크대도 정돈이 잘되니 보기도 좋다. 동선이 짧으니 편해서 좋단다. 이 집에서 얼마나 더 살게 될까? 사형수가 살아있는 하루하루가 소중한 것처럼 나도 그렇다. 아침에 나가면 낙과한 감이 서너 개씩은 떨어져 있으니 주워 먹는 맛이 꽤 괜찮다.

아기 하나를 업고 하나는 유모차에 태워서 가는 젊은 여자를 보니 남의 일 같지 않아 다시 보게 된다. 시장엘 가다가 퇴근하는 남편을 만나니 참 반갑다. 식구를 밖에서 보면 왜 그리 반가운걸까.

먼저 퇴원하여 아빠 품에 안긴 기헌과 기환(2009. 10. 5)

아기들의 눈수술

♣ 2009년 9월 4일 금요일 맑음

어제 할아버지 제사를 지내고나니 힘이 들었다. 저녁밥을 먹고 치웠는데 며느리가 전화를 했다. 안부전화려니 했는데 학교 앞이란다.

나는 얼른 돼지목살을 사다가 어제 남겨 놓은 산적을 데우고 새로 밥을 해서 며느리에게 먹였다. 손자 기윤이랑 안방에서 잠을 자는데 잠이 어찌나 달고 달던지. 친정어머니가 계시니 4대, 8명이 북적댔다.

아기들이 눈 수술을 해야 한다니 가슴이 아프다. 둘째 기환이는 쑥쑥둥이다. 세쌍둥이 중 제일 건강하다. 기헌이와 기웅이가 모든 기관이 약하게 태어났는데, 미숙아 망막증 때문에 두 아이가 안과수술을 받아야 한단다. 태어난 지 40일 만에 수술을 받아야 한다니, 그 어린 것들이 전신마취를 해야 한다는 사실이 너무나 안타깝다. 다둥이들의 제일 위험한 부분이 눈이라는데, 병원 측 과실로 평생 장애를 안고 살아야 하는 지인의 세쌍둥이 생각을 하니 부모가 최선을 다해야 한다는 생각이 든다. 수술로 고칠 수 있는 것만도 얼마나 다행인지 모르겠다.

사시기가 있는 큰손자 기윤이도 이 달 18일에 수술하기로 했다. 동생들과 함께 하니 아이가 충격도 덜 받을 것 같아 차라리 잘된 것 같다.

♣ 2009년 9월 5일 토요일 맑음

글빛나래 수업이 있는 날이어서 먼저 큰아들네 가족과 어머니가 병원에 갔다. 몸은 강의실에 있었지만 아기들 생각에 제대로 강의가 들어오지 않는다. 강의를 마치자마자 나도 면회시간을 맞추기 위하여 서둘러 병원으로 달려갔다.

며느리가 아기들에게 불은 젖을 먹이고 있었는데 첫째와 셋째아기는 이미 수유를 마친 상태고, 둘째아기가 어미 품에 안겨 있다.

아기들의 체중이 1.8kg정도인데, 어머니는 복 있는 놈들 건강하게 잘 자라라고 기도를 하셨다. 태어난 3형제 외 붓듯 달 붓듯 무럭무럭 자라고, 산모도 밥 잘 먹고 젖도 잘 나오게 해달라고 간절히 빌어 주셨다. 88세인 어머니는 비교적 건강하게 증손자까지 보셨으니 어머니야말로 복이 있는 노년을 살고 계신 것이 아닐까 싶다.

면회를 마친 나는 어머니를 모시고 북악스카이웨이로 갔다. 어머니께서 말을 타며 너무나 좋아하셨는데 그 모습이 사진에도 그대로 담겼다. 어머니와 기윤이까지 함께 한 아주 행복한 시간이었다.

어머니께서는 기분이 좋으신지 동네 단골 칼국수 집에서 우리들에게 칼국수까지 사신다. 음식점 주인아주머니와 손님들이 어르신이 돈 내시는 게 너무 부럽다는 말을 했다. 늙으면 있는 돈으로 자식들에게 인심을 쓰면서 그렇게 살아야겠구나 생각했다. 불평만 하는 어머니인 줄 알았는데 기분도 내실 줄 아시는 점이 흐뭇하였다.

♣ 2009년 9월 6일 일요일 맑음

기윤이가 미운 짓을 하기에 볼기짝을 툭툭 쳤더니 아범이 왜 아이를 때리느냐고 정색을 해서 기가 막혔다. 옆에 계시던 어머니께서도

"네 어미는 내가 너희를 키울 때 좀 때려달라고 부탁했었다."고 말씀하셨다. 나는 학교 선생님께도 아이들이 잘못하면 호되게 나무라고 때려서라도 가르쳐 달라고 부탁했던 생각이 났다. 제 자식 귀하지 않은 사람이 어디 있으랴. 그래도 자식을 제대로 키우려면 그런 정신자세로 살아야 한다는 것이 평소 내 생각이다.

'내가 예뻐한 자식 남의 눈에 못 괸다.'는 옛 속담을 자주 인용하는데, 요즘 부모들은 자식을 예뻐할 줄만 알았지 참된 교육에 대해선 생각을 안 하는 점이 아주 못마땅하다.

큰아들네가 저희 집으로 가는 걸 내다보지도 않았더니, 둘째아들이 형네가 가는데 왜 쳐다보지도 않느냐고 민망해 했다. 너무 밉고 속상하니 인사할 마음이 나지 않는다. 가면 대수냐고 대답했다.

큰아들은 제 아이들을 모두 민족사관학교에 보내고 싶다고 한다. 넷이나 되는 아이를 그애가 어떻게 감당하려는지…. 자식 일을 내 맘대로 할 수 없는 점이 안타깝다. 기윤이도 평발 교정 신발 사 신겨야지, 사시 교정 수술해야지, 앞으로 네 아이를 키우면서 정말 할 일이 태산 같은 아들네를 지켜보는 부모로서 가슴이 아프다.

♣ 2009년 9월 7일 월요일 비

아침 7시, 며느리와 기윤이와 함께 기헌이와 기웅이의 눈 수술을 위하여 집을 나섰다. 장위동은 그동안 길이 넓어졌다고는 하지만 출퇴근 시간은 역시 정체가 심하다. 30년 동안 발을 동동 구르며 회사에 다녀봐서 그 누구보다 이곳 도로사정은 내가 잘 안다. 버스를 타자고 며느리에게 말하고 싶었지만 참았다. 내가 친정어머니였다면 당연히 그렇게 가자고 했을 터인데…. 사람들은 제가 가보지 않은 길은 잘 모른다. 스스로 체험을 해봐야 아는 것이니까.

아니나 다를까 택시는 창문여고 앞에서부터 차가 꼼짝도 하지 않는다. 병원 예약시간에 맞춰 가야 한다고 발을 동동 구르자 우리를 내려 주면서 버스 전용차선으로 가는 게 훨씬 낫다는 말을 남기고 택시는 가버렸다. 수술시간은 임박했는데 보호자가 없으면 어떡하나 하고 가슴이 마구 뛰었다.

서울대병원 앞에서 내려 얼마나 뛰었던지 제대로 숨을 쉴 수도 없었지만 그래도 간신히 수술시간에 맞출 수 있어서 다행이었다. 첫째, 셋째 아기들 수술을 하는 사이 둘째 기환이 젖을 먹이러 간 어미는 한 시간 만에야 나타났다. 아이가 젖을 빠는데 이상하게 세 번 이상 빨지 않더란다. 우유병에 있는 젖에만 익숙한 아이가 적응을 못해서 그랬나 보다. 아니면 다른 형제들은 수술을 받는데 혼자 젖을 먹기가 미안해서였는지도 모르겠다.

무사히 수술이 끝났다.

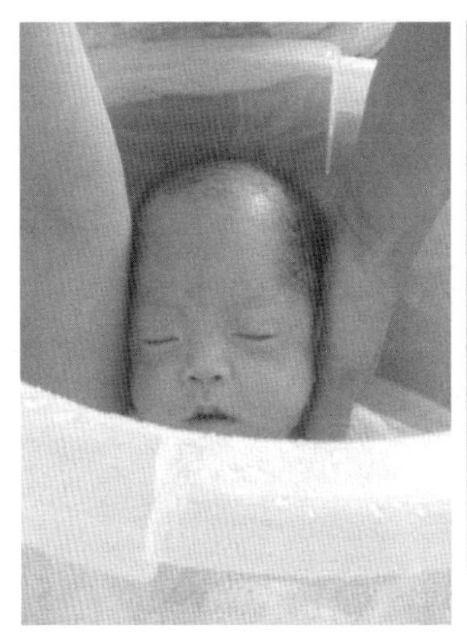
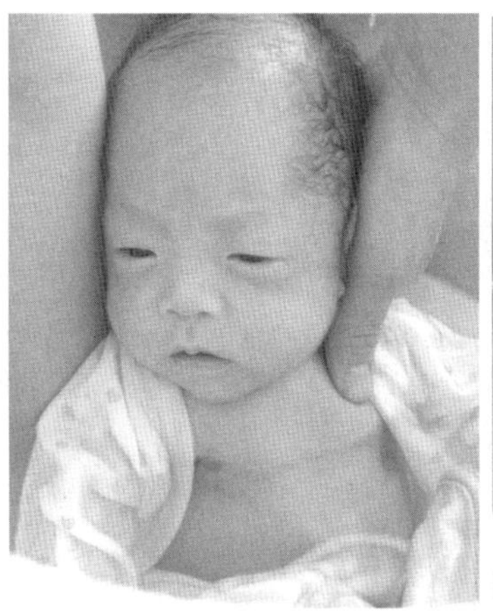
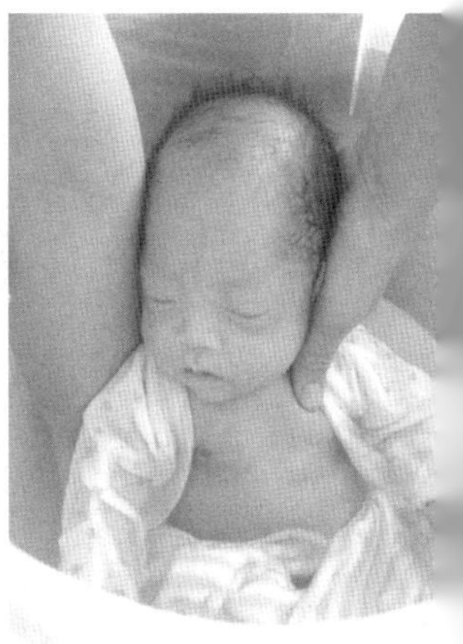

기헌, 무럭둥이 방으로 승급해가다

♣ 2009년 9월 10일 목요일 맑음

청량리 롯데백화점에서 수필 공부를 마치고 점심도 거른 채 아기들을 보러 갔다. 기헌이는 2.06kg에 42cc의 우유를 먹는단다. 처음 우리 아기들이 입원했을 때 언제쯤이나 무럭둥이 방에 갈 수 있을까 부러워했다. 드디어 기헌이가 그 방으로 승급했다고 대기실 전광판에 적혀 있는 걸 보니 대견하다. 기헌이의 발과 손을 만져 보았다. 어떻게 혈육인 줄 알고 제 손바닥에 있는 내 손가락을 꼭 쥔다.

기환이는 1.86kg에 저체온이라서 따뜻하게 몸을 덮어주었다. 기헌이가 혼자 젖병을 빠는데 마음대로 되지 않는지 관자놀이가 불끈 솟아오르도록 신경을 쓴다. 간호사에게 말하니 한번 먹여 보겠냐며 아기를 내 품에 안겨 준다. 내가 먹이는데 아기가 불편해 하는 것 같아서 다시 간호사에게 안겨준다. 기웅이는 산소 호흡기를 꽂은 채 깊은 잠에 빠져 있다. 아직도 스스로 호흡을 하지 못하는 그 아이가 너무나 안쓰럽고 가엾다.

♣ 2009년 9월 12일 토요일 비

밤비 소리에 잠이 깼다. 11시 30분인데 어머니가 거실에서 서성이고 계셨다. 아이들이 오지 않아서 우산을 가지고 나갔다가 길이 어긋

날까 봐 그냥 오셨단다. 어미는 잠만 쿨쿨 자고 있는데 9순이 가까운 할머니가 들어오지 않은 손자 손녀 걱정에 안절부절못하는 모습에 콧등이 찡하다.

아이들 휴대전화를 눌러서 확인을 했다. 선우는 그냥 주무시라고 했고, 딸은 버스 안에서 발만 동동 구르고 있던 참에 엄마 전화를 받으니 감동을 했단다.

어머니의 애틋한 손자 손녀 사랑에 내가 감동을 받았고, 그 감동이 또 다른 감동을 준 것이 아닐까. 비오는 밤에 한 우산에 두 몸이 의지하고, 딸이 한쪽 팔로 나의 어깨를 감싸고 빗속을 걸으면서 참 따뜻한 마음을 느꼈다.

어머니에게 편히 계시라고 하지만 그래도 눈치가 보이신단다. 또 내가 당신을 일일이 챙겨 줘야 하니 신경이 쓰일 거라신다. 나는 어머니가 집에 계시니 마음이 든든하고 함께 밥을 먹으니 밥맛도 더 나는데 무슨 그런 말씀을 하시냐고 위로의 말씀을 드린다. 이제 아무데도 가시지 말고 마당이나 가꾸면서 쉬고 싶을 때 쉬시고, 주무시고 싶을 때 주무시라고 한다.

어머니는 컴퓨터를 하며 책읽기에 몰두하는 나를 보시며 '우리 딸은 예순이 넘어서도 여전히 공부만 한다.'고 흐뭇해하신다.

♣ 2009년 9월 16일 수요일 맑음

검사결과 기환이가 눈 수술을 하지 않아도 된다고 하니 기쁜 소식이다. 퇴원도 시켜야 하는데 서울 우리 집에 와 있으면 어떻겠느냐고 며느리가 조심스레 물었다. 당연한 걸 뭘 묻느냐면서 어서 오라고 했다. 다른 아기들은 언제쯤 퇴원을 하게 될지 마음이 조급해진다. 큰손자 기윤이도 눈 수술을 한다고 한다. 어린애가 자지러질 생각을 하니 기가 막혔다.

♣ 2009년 9월 18일 금요일 맑음

기윤이 눈 수술하는 날이다. 새벽 4시부터 반찬을 만들었다. 기윤이 어미 아비는 새벽 6시 30분에 병원엘 갔다. 오전 9시 넘어서 수술을 무사히 마치고 회복중이라고 며느리가 전화를 했다. 그런데 오후 4시가 넘도록 감감 무소식이다. 집에 오고 있다는 전화를 끝으로 우리 부부가 번갈아 전화를 걸어도 무응답이다. 아들 내외 심기가 불편한지 어떤지 별별 생각이 다 났다.

한참 있자니 한쪽 눈이 충혈된 기윤이를 앞세우고 들어선다. 마침 사다 재어 둔 고기가 있기에 얼른 구워서 저녁밥을 차려 주었다. 내일 출장을 떠나는 아들을 위해 서둘러 저희 집으로 보냈다. 매사에 완벽을 추구하시는 어머니로 인해 가슴이 답답하다. 기윤이에게도 남에게 맞지 말고 때리고 오라고 가르치시는데 깜짝 놀랐다. 그만큼 참선을 했으면 모든 면에 순화되었을 법도 하건만 아직도 소인의 마음인 친정어머니를 어쩐단 말인가.

제일 먼저 둘째 기환이 퇴원하다

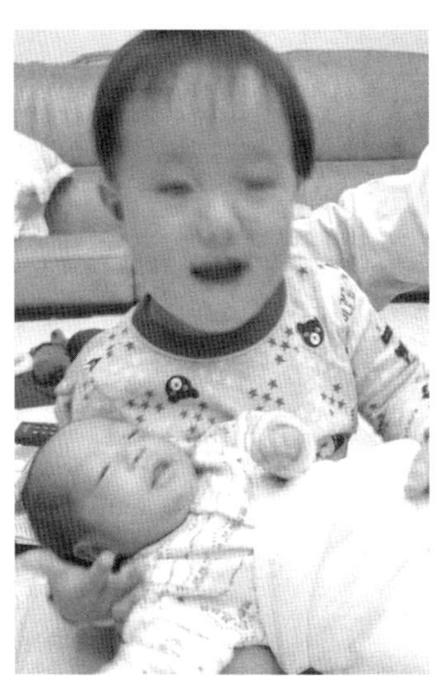
기환을 안고 예뻐하는 형 기윤

♣ 2009년 9월 20일 일요일 맑음

드디어 기환이가 퇴원하는 날이다. 마침 남편은 초등학교 동창회가 있어서 끝나는 대로 오기로 했다. 어머니와 나, 선우가 함께 병원으로 갔다. 이미 며느리의 외숙모님과 외사촌 여동생까지 와 계셔서 반가웠다.

아들이 우리부터 먼저 아기들 면회하라고 해서 얼른 보고 나왔다. 기웅이와 기환이는 잠을 자고, 기헌이는 깨서 두리번거렸다. 기웅이는 여자처럼 곱고, 기헌이와 기환이는 짱구머리에 됫박이마로 눈도 길고 코도 크고 입도 크다. 어머니가 인중까지 길어서 훤칠하다고 하셨다.

사돈외숙모님께서 며느리가 아기를 많이 낳고 싶어 했다고 하시며 소원 성취했다고 말씀하셔서 웃었다. 신기한 건 기윤이가 제 동생들 퇴원하면 업어주고 안아 주겠다고 하더니 기환이를 유모차에 태우자마자 끝까지 밀어주었다. 제 동생 귀한 줄 어떻게 알고 땀을 뻘뻘 흘리며 유모차를 밀어줄까. 온 가족의 환대를 받으며 퇴원한 기환이가 무럭무럭 잘 자라길 간절한 마음으로 빈다.

저녁 9시 넘어서 아들에게 전화해 보니 기환이가 조금 칭얼대다가 젖을 먹고 있다고 했다. 온 가족의 영접을 받으며 세쌍둥이 중 가장 먼저 퇴원한 기환이, 잘 자라거라.

♣ 2009년 9월 23일 수요일 맑음

수영을 마치고 수영장 버스를 타고 성북우체국에 가서 세금을 낸 다음 30분 간 걸어서 돈암동에 있는 오제홍 재활병원에 가서 물리치료를 받았다.

아직도 입원하고 있는 기헌이와 기웅이를 면회하려고 혜화동 서울대병원까지 걸어서 가기로 한다. 돈암동에서 삼선교 지나 성북동 가는 길, 얼마 전 성북천이 새로 복원되었다. 정릉에서 삼선교까지 걸어서 여학교에 다니던 생각에 감회가 새로웠다. 삼선교와 성북동 가는 길 사이엔 맑은 물이 흐르고, 아이들은 물속에서 놀고 있었다. 그 옛날 아낙네들이 빨래터에서 빨래하던 모습이 보이는 듯했다. 대학로에는 풍물패가 공연을 하고, 젊은이들이 재잘거리며 웃음을 날리고 있었다.

어린이병동에 기헌이와 기웅이가 누워 있다. 기헌이의 체중이 2.6kg으로 참 많이도 자랐다. 기웅이는 2.4kg였다. 이름을 불러주니 눈을 뜨려는 듯 찡그리면서 희로애락을 표현한다. 둘 다 퇴원해도 되겠다는 반가운 소식에 뛸 듯이 기뻤다. 56일 만의 기쁜 소식이다. 사방에 대고 우리 아기들의 퇴원소식을 알리고 싶다. 오늘 기웅이의 눈 검사를 했는데 좋아졌다고 해서 아들에게 전화로 즉시 알려주었다.

이제까지는 병원에서 하는 대로 지켜보면 되었지만 퇴원하면 키울 일이 또 다른 걱정으로 밀려왔다. 사람은 이래저래 걱정 속에서 살다가 걱정 속에 죽어가나 보다.

♣ 2009년 9월 30일 수요일 맑음

기윤이 어미가 오랜만에 메일을 보냈다. 아기들을 모두 퇴원시키고 보니 어려움이 적지 않은가보다. 낮에는 기윤이를 봐주던 도우미 아주머니가 오시고, 저녁 6시부터 다음날 6시까지 또 다른 도우미 아주머니의 도움을 받는단다.

밤에 오는 아주머니는 47세로 미숙아를 키워본 경험이 있는 분이고, 낮에 도와주는 분은 38세의 두 자녀를 둔 분이니 서로 좋을 것이다. 명석한 젊은이들이라 역시 현명하게 처신하는 것 같다.

두 도우미 아주머니들이 잘하고 있으니 아기들 염려 마시고 어머니 오시고 싶은 때 오시라고 하니 마음이 한결 홀가분하다. 한 사람에게만 하루 종일 아기들을 맡기면 서로 얼마나 버거울까. 밤낮 2교대로 보면 좀 숨통이 트일 것 같다.

♣ 2009년 10월 2일 금요일 맑음

추석 연휴가 시작되었다. 남편은 아들과 입원한 기웅이를 보러 병원에 갔고, 나는 엉치가 아파서 죽을힘을 다해 지하실 청소를 하였다. 막내시동생은 폴란드로 출장을 갔고, 늦게 온다던 동서가 일찍 왔다. 남편이 없어도 두말 않고 일찍 와주는 동서가 고맙다.

병원에 갔던 남편과 아들, 기윤이 셋이서 왔다. 기윤이는 우리 집에만 오면 아기가 된다. 큰손자를 과보호하는 아들과 나의 신경전이 계속되는 동안 남편은 머리가 아프다고 한다. 어쨌든 부부는 합심해야 모든 게 원만한 것이 아닐까.

저녁에 혼자 있는 동서를 위해 맥주파티를 했다. 동서가 "어떤 집은 명절 때 큰집에서 못 오게 하는 집도 있다."고 했다. 그런 걸 생각하면 동서도 내가 소중한가 보다. 내가 좀 힘들어도 식구끼리 모이면 즐겁고 행복한 것이 아닐까. 사람은 더불어 살아야 한다는 생각이다. 조카 현우가 기윤이를 데리고 나가 한참이나 놀다왔다. 그 덕에 기윤 아범은 잠시 쉬었다.

나는 큰아들이 너무나 안쓰럽다. 늦은 밤에 기윤 어미가 도우미 아주머니께 아기들을 맡기고 왔다. 역시 젊은 사람들이어서 판단이 빠르고 명쾌하다. 우리네는 감히 상상도 못할 일인데…. 젊은이들의 생각이 합리적이어서 참 좋다.

♣ 2009년 10월 3일 토요일 맑음

추석이다. 아침 7시 30분에 대전의 시동생 가족도 도착했다.

밥 먹고 이야기 나누는 시간은 가족끼리 자신의 애환을 털어놓는 시간이다. 딸 연서가 여행지에서 사온 안동소주로 차례를 지냈다. 막내시동생은 출장 중이어서 참석하지 못했지만 추석명절을 형제들이 한데 어울리며 즐거운 한때를 보냈다.

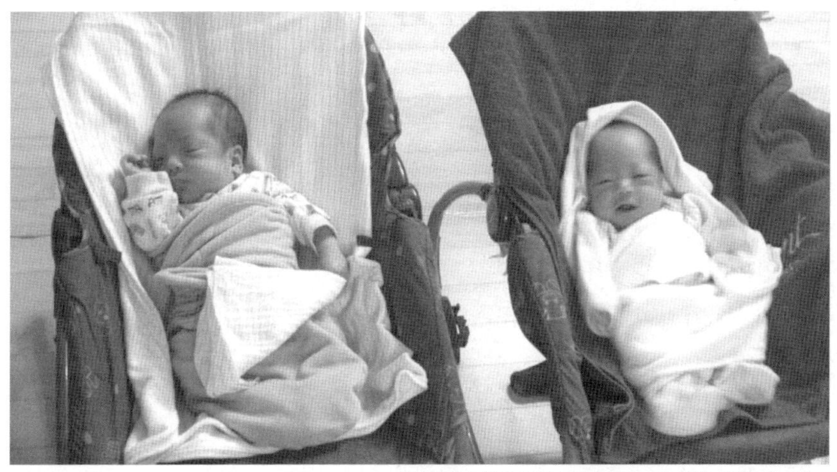

유모차에 누워서 잠이 든 헌이(우), 환이(좌) 2009. 9. 27

큰아들의 어깨

♣ 2009년 10월 6일 화요일 맑음

저녁에 아이들 검사를 위하여 아들네 다섯 식구가 서울대병원 쉼터로 온다고 전화를 했다. 너희들끼리 잘하고 퇴원하라고 말했다. 아이들 검사가 하루 온종일 있단다. 나도 퇴행성관절염 치료를 받으러 다니느라 가보지도 못하고 종일 마음만 아이들에게 머물러 있으니 머리가 무거웠다.

어머니와 아기들까지 돌봐야한다는 중압감에 시달리는 나 자신이 참 딱하다.

♣ 2009년 10월 7일 수요일 맑음

아버님 제삿날이다. 아침에 아들네 식구가 쉬고 있는 서울대 병원으로 찰밥을 해가지고 서둘러 갔다. 2층 로비에 아들네 가족이 나와 있었다. 기헌이와 기환이는 확실하게 구분하겠다. 기헌이는 좀 더 사내답고, 기환이는 곱상하고 예쁘다. 아침 8시 30분에 어린것들 피검사를 하고, 10시 30분에 다시 검사하고, 11시 훨씬 지나서 10분 거리에 있는 어린이 환자 가족을 위한 쉼터 공간으로 왔다.

이 쉼터는 뜻있는 분들의 희사로 지은 원룸 형식의 주거 공간이다. 그 덕에 이곳을 고맙게 이용한다.

내 눈으로 아기들을 보고 안아도 주니 마음이 가볍다. 두 아기가 연신 얼굴이 빨간 채 기지개를 켜느라 소리를 내고, 젖을 먹이면 잘 빨고 자는 모습이 여간 기특하지가 않다. 아들내외가 너무 피곤한지 아직까지도 어린이 병동에 입원해 있는 기웅이의 면회를 가지 못했다.

쌍둥이 두 형들은 퇴원했는데 가장 약하게 태어난 기웅이 혼자 병원에 남아있는 것도 안쓰럽다. 지척에 있으면서도 면회를 못 갔다는 것은 너무 속상한 일이다. 모든 생물의 세계에 약육강식과 적자생존의 엄연한 현실이 존재한다는 것이 실증된 셈이다. 어미 뱃속에서 기웅이는 어떤 위치에 있었기에 제대로 영양을 공급받지 못한 것일까.

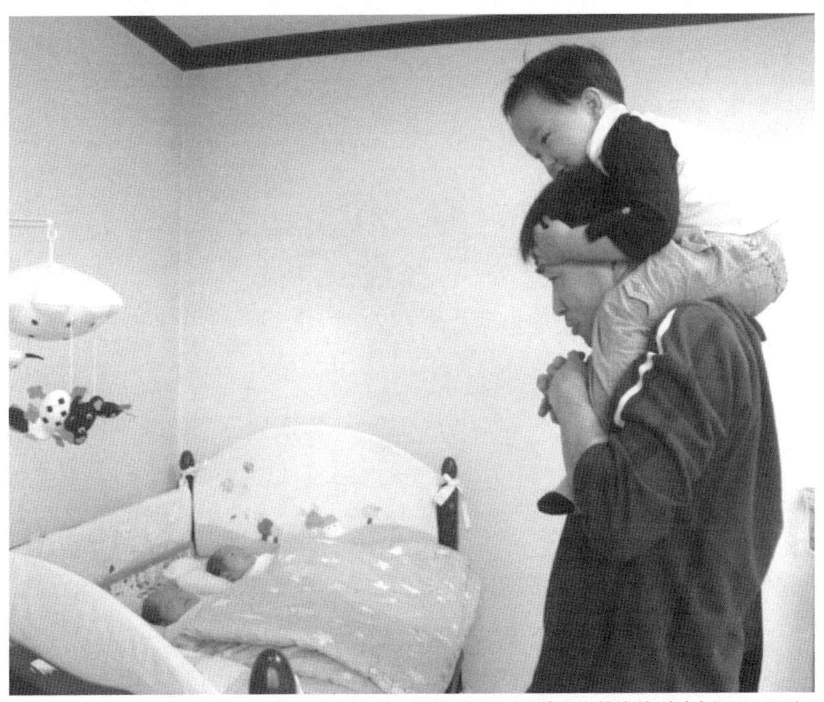

아빠생일에 맞춰 웅이까지 모두 퇴원하여 가족이 처음으로 함께 한 날이다.(2009. 10.11)

세쌍둥이 모두 퇴원

♣ 2009년 10월 10일 토요일 맑음

오늘이 세쌍둥이가 태어난 지 74일째이다. 마지막으로 막내 기웅이가 퇴원한다니 이보다 기쁠 수는 없다. 내일이 아들 생일이어서 우리는 청주 아들네 집으로 갔다.

아들네 집에는 퇴원한 기웅이가 새근새근 잠을 자고, 기환이는 소리를 내서 잘 웃는다. 저녁 9시에 온다는 도우미 아주머니는 10시가 다 되어서야 왔다.

♣ 2009년 10월 11일 일요일 맑음

새벽에 아기들 소리가 나는지 몇 번이나 문에 귀를 대고 신경을 썼다. 4시가 넘어서야 아기 소리가 나기에 방으로 들어갔다. 며느리는 나를 보더니 얼른 밖으로 나간다. 하는 일 없이 방에 있기가 미안해서 그랬단다. 내가 있을 땐 미안한 마음 갖지 말고 편히 쉬라고 말해주었다. 며느리는 성격이 깔끔하고 예민해서 책임감 있게 자식들을 잘 키운다.

아범의 36번째 생일 파티를 아홉 명의 식구가 모여서 조촐하게 했다. 종손으로 아들 넷을 낳았으니 조상에게 할 일을 다 했다고 생각한다. 그래도 부부가 합심해서 똘똘하게 잘 꾸려가니 다행이다.

♣ 2009년 10월 16일 금요일 맑음

청명한 가을날이다. 모든 일은 생각날 때 빨리 행하지 않으면 기회를 잃어버린다.

오늘 아이들과 함께 병원에 가야 하기에 한문 수업도, 수영도 가지 못했다. 어머니 모시고 밥까지 챙겨 가느라 무척 바쁘다. 이곳저곳 검사할 때마다 아기들을 하나씩 안고 들어가는 우리들을 신기해하며 관심도 보이고 미소와 말을 건네 오는 사람들이 있다. 그런데 아이들 아범은 무척 난처해하며 별로 달가워하지 않는다.

아범이 병원에 다니느라 1년치 휴가를 다 쓰고 반나절밖에 남지 않았다는 말에 가슴이 철렁했다. 이제 시작인데 어찌해야 할까? 그래서 앞으로는 청주의료원으로 다닐 수 있도록 소견서를 써달라고 했단다. 세쌍둥이 임신에서부터 지금까지의 병력증명서를 복사하느라 시간이 많이 걸렸다.

요즘 친정어머니는 누구에게나 날카롭게 대응하고 반격을 가한다. 어머니와 둘이서 음식점에서 밥을 먹는데 옆에 있는 아저씨가 연세를 묻자 톡 쏘아붙인다. 어른들은 나이 묻는 게 제일 싫단다.

♣ 2009년 10월 19일 월요일 비

아기들이 궁금하다. 잘 크고 있겠지. 가보지도 못하면서 전화만 하면 뭐하나 싶어 전화도 못하겠다. 또 저희들끼리 잘 길러야지 어쩌겠나 싶다.

아이들이 다녀간 지 며칠 되지 않았는데도 퍽 오래된 것 같다. 아침에 도선사 실달학원에 가기 위해 집을 나섰는데 버스 안에서 며느리의 전화를 받았다. 며느리 역시 전화를 하려 해도 무슨 소식을 들을

까 두려워서 못했단다. 어쩜 나와 똑같은 생각을 하고 있을까. 몸도 힘들고 그렇다고 쉽게 집을 떠날 처지도 아니다. 큰 죄를 짓고 사는 사람들 마음은 얼마나 괴로울까.

아기들을 며칠 동안 돌보던 도우미 아주머니가 너무 힘들다고 해서 전에 왔던 분이 다시 3개월 동안 봐주기로 했단다. 어머니께 특별히 드릴 말씀이 없어서 전화를 못 드렸다는 며느리, 나도 아기들을 생각하면 가슴이 오그라든다는 말을 한다. 마음 편히 가지시라고 위로를 잊지 않는 기특한 며느리. 밤에도 도우미 아주머니가 온다니 안도의 숨을 내쉬었다. 남편은 내 말을 듣더니 아기 셋을 낳아서 기르느라 며느리가 고생이 많다고 했다.

♣ 2009년 10월 23일 금요일 맑음

큰아들이 서울대병원에 가서 병원비를 감면받을 수 있는 의사선생님 소견서를 받아다 달라고 한다. 차상위 계층에게나 써주는 것인데, 가능할 것 같지 않았다. "가는 건 어렵지 않은데 만일 거절당하면 너희가 지장을 받지 않을까 걱정된다."고 했더니 알았단다.

남편은 나보고 아이들에게 어려움이 있을 때마다 걱정을 사서 한다고 말하곤 하는데, 그건 아니다. 아이들은 예쁘고 더없이 귀하지만 너무 어려움이 크기에 안타까워서 하는 말인 것을 왜 모를까. 어쨌든 그런 말 안했으면 좋겠다.

♣ 2009년 10월 30일 금요일 맑음

한국 편지가족에서 시행하는 편지 쓰기에 〈세쌍둥이 부모가 된 며느리에게〉라는 제목으로 응모하였다. 세쌍둥이 할머니로 사는 애환을

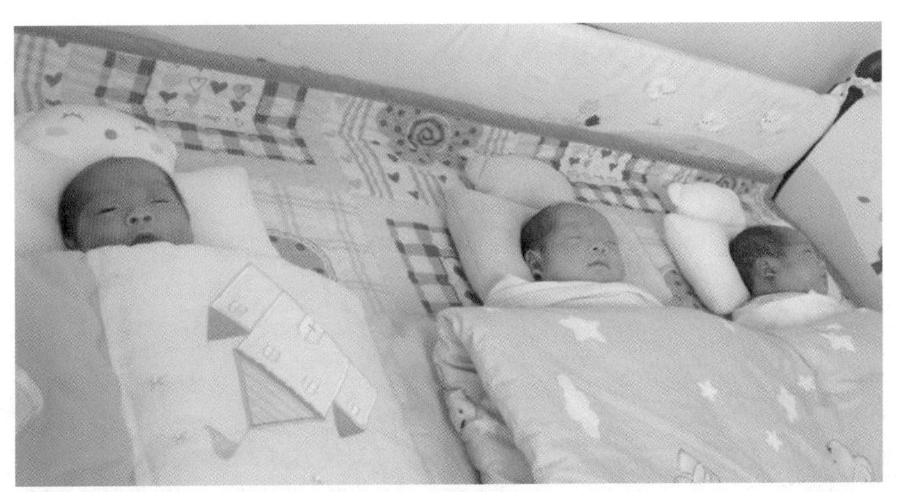
2009. 10. 11 웅이 퇴원하여 세쌍둥이가 함께 집에서 자게 된 첫날밤

솔직하게 적어냈다. 글의 힘이 어떠한지를 다시 생각하는 계기가 되었다.

아들이 자신의 힘든 이야기를 하였다. 그들이 겪는 애로사항을 내가 다 알 수는 없지만 짐작은 한다. 그러나 '고진감래'라는 말로 격려를 해주었다. 그래도 세월은 가고 있다고.

며느리가 지난번 나에게 부탁했던, 아이들 재검사를 낮은 비용으로 받기 위한 청구를 거절당하고 허탈하게 돌아왔다는 말에 가슴이 아팠다. 아이엄마가 가도 안 되는 일을 내가 간다고 되었을까 생각하니 관여하지 않았던 게 다행이었다. 자식을 키우면서 배우게 되는 크고 작은 일들이 얼마나 많겠는가. 사람은 그런 시련으로 인해 단련되는 것이 아닐까 싶어 모든 일은 약이 된다고 생각되었다.

2010. 5. 생후 10개월

백일을 맞이한
세쌍둥이

백일을 맞이한 세쌍둥이

♣ 2009년 11월 7일 토요일 맑음

기헌, 기환, 기웅 세쌍둥이의 백일이다.

아들내외는 친척들에게 부담을 주지 않으려고 부모 형제 외에는 부르지 않으려 했다. 그런데 수원 막내시동생네가 어떻게 알고 저녁에 와주어서 고마웠다.

딸 연서와 조카딸 기연이는 출국 준비로 점심만 먹고 서울로 떠났다. 저녁을 먹고 나와 어머니가 산책을 나서는데 다른 식구도 따라나섰다. 동서 예린엄마와 천천히 호숫가를 걸으며 얘기도 나누고 놀이기구 앞에서 쉬기도 했다.

동네 아주머니들이 어머니를 보고 부럽다면서 연세가 어떻게 되시느냐고 묻는다. 그 사람들은 곱고 깨끗하게 노후를 보내시는 어머니가 부러워서 관심을 갖는데 정작 본인은 부담스러운지 별로 달가워하지 않으신다.

오늘은 기윤이도 잘 놀았기에 잠을 잘 것 같다. 아직은 아기들 젖먹이고 달래고 기저귀 갈아주는 일이 전부일 것 같다. 월요일부터 그만두었던 도우미 아주머니가 다시 온다고 한다.

오부자의 낮잠 사진이 나는 안쓰럽다. 네 아들에게 빙 둘러 싸여 자고 있는 아들의 버거운 모습이 그대로 전달되었기 때문이다. 기윤

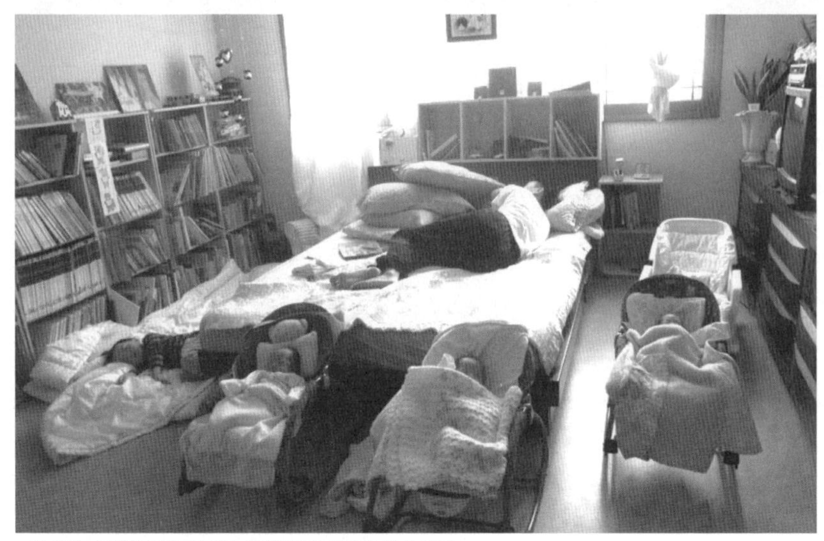

오 부자, 아빠와 기윤 그리고 세쌍둥이가 단잠에 빠져 있다.

이에게 생일선물로 헬리콥터를 사줬더니 얼마나 좋아하는지, 밤에 케이크를 사다 촛불을 켜고 기윤이 생일파티도 했다.

♣ 2009년 11월 8일 일요일 비

깜짝 놀라 일어나니 새벽 2시다. 아기들 걱정이 되어 온전한 잠을 잘 수가 없다. 어머니가 먼저 깨셨는데 나를 깨울 수도 없고 우유도 탈 줄 모르니 한참 애를 쓰셨나보다. 더더욱 곤히 자는 기윤어미를 깨울 수도 없는 마음이 어땠을까 싶다. 우리 자식들 키울 때는 자신이 주역이었는데 지금은 아이 키우는 일도 다 잊어버렸다고 한다. 세월의 무상함을 절절히 토로하셨다.

아침밥을 먹고 나와 어머니, 막내시동생 내외와 예린이, 현우가 한 차로 박물관에 갔다. 아이들과 어린이박물관에서 악기에 관한 것, 그림, 춤, 금속활자, 목판을 보았다. 현우와 기윤이가 문화재를 발굴한다고 솔로 모래를 쓸었다.

점심으로 난자완쓰와 된장찌개를 먹고 모두 상경길에 올랐다. 단풍

고운 길을 따라 둘째아들 선우가 운전을 하니 그이도 마음이 편안하고 흐뭇하였을 것이다.

♣ 2009년 11월 9일 월요일 맑음

딸 연서가 호주 케언즈로 떠나는 날이다. 선우가 제 동생을 배웅한다고 연차를 냈다. 역시 형제밖에 없다. 내 여동생도 회사에서 조퇴를 하고 왔다. 연서를 공항에 데려다 주는데 수속이 너무 복잡하다. 제 장롱 속에 내 옷 몇 가지를 넣어두었더니 어찌나 심하게 불평을 하는지 정이 떨어졌다. 그래, 정은 떼고 가는 것이 편하지….

남편도 조퇴를 하고 공항에 식구 5명이 나갔다. 언제 올지 기약 없는 이별은 슬프다. 연서 말대로 본인이 본인을 사랑해야지, 본인이 사랑하지 않는 자신을 누가 사랑하겠는가. 우리 가족이 나에게 바라는 바다. 특히 남편과 연서가 나에게 많이 충고하고 안타까워하는 부분이다. 항상 자신을 가장 낮은 곳에 두고 사는 내가 안쓰럽고 답답한가보다.

새벽 3시쯤 잠이 깨어 옆을 보니 남편이 있다. 마음이 푸근하고 안심이 된다.

♣ 2009년 11월 10일 화요일 맑음

종손인 기윤이의 세 번째 생일이다. 동생들이 태어난 지 100일이 되었으니, 3년 터울이라 좀 낫다. 터울이 짧았다면 얼마나 많이 힘들었을까. 가까이 살았으면 미역국이라도 끓여주었을 텐데 전화로 축하만 해 주었다.

동생이 한꺼번에 셋씩이나 생겨 심통을 낼 법한데 귀여워하니 천만 다행이다. 사랑을 받고 자란 사람이 사랑을 준다고 하더니 맞는 말인 것 같다. 내가 동생들을 데리고 서울로 간다고 하면 안 된다며 펄쩍 뛴다. 어린 것이 사람 귀한 줄 어떻게 알까. 동생 욕심이 대단한 것이 참 신통하다.

어제 케언즈로 떠난 연서에게서는 아직 소식이 없다. 소식이 없으니 안절부절못하겠다. 남들은 똑똑한 딸 두어서 좋다고 한다. 그러나 나는 좀 덜 똑똑해도 좋으니 가까이에서 살았으면 좋겠다. 이왕에 떠났으니 잘 살기만 바란다. 무심한 저희 아빠도 시집보낸 것처럼 허전하다고 이불도 개지 못하게 한다. 아이가 언제든지 돌아와서 따뜻한 이불속에 쏙 들어갈 수 있도록 하란다. 대범한 아빠의 마음이 그런데 어미의 허전한 마음은 오죽할까. 연서가 떠나니 어머니도 절로 떠나셨다. 많은 시간 혼자 있어야 하는 빈집이 싫으신가보다.

거실에 모과 향이 가득하다. 올 가을도 한두 개씩 나눌 수 있다고 생각하면 풍성한 마음이 된다. 못 생겨서 모과라고 한다는데, 우리 집 모과는 모양도 동글동글하고 껍질도 매끈하고 노랗게 익어서 참 예쁘다. 제일 크고 실한 것으로 골라 큰아들 차에 두고 다니라고 주었다.

≪나는 왜 너가 아니고 나인가≫라는 류시화 책을 읽었다. 인디언들이 자식을 키우며 살아가는 삶의 지혜를 후손들에게 남기는 인생지침서이다.

자연과 순리를 거스르지 않고 사는 그들의 봉사정신과 진실한 삶의 모습이 잘 나타나 있다. 이제까지 가지고 있던 편견을 불식시킬 수 있는 좋은 책이다. 피부색이 검다고 해서 마음까지 검은 것은 아니다. 검은 피부만큼 빛나는 영혼의 소유자들이라는 새로운 인식을 하게 되었다. 탐욕에 찬 유럽 사람들에게 삶의 터전을 송두리째 빼앗기고도 그들을 미워할 줄 모르는 고운 심성에 깊은 감명을 받았다. 그들은 물질적인 길을 좇으면 머지않아 영혼의 중심을 잃어버린다고 가르친다. 자기절제와 무한한 자비심을 가진 그들에 대한 경외심을 느끼며 새로운 인식을 했다. 자기가 가장 소중히 여기는 것을 남에게 주도록 가르침을 받았으며, 그래서 일찍부터 주는 기쁨을 알았다. 역시 넘치는 대자연의 보살핌과 사랑 속에서 살아온 사람들의 자연을 닮은 심성을 엿볼 수 있는 부분이다. 물질을 많이 소유할수록 탐욕이 큰 문명인들을 생각하게 된다.

♣ 2009년 11월 16일 월요일 맑음

청주 아들네 집이다. 도우미 아주머니와 한참을 이야기를 했다. 주로 아이들 기르는 이야기다. 아기들의 특성을 잘 파악하고 사명감을 가지고 일하는 것 같아서 신뢰가 간다. 나는 아기들을 돌보는 일은 힘은 들지만 보람 있는 일이라고 말해 주었다. 그녀는 트림을 시킬 때는 세워서 하면 빨리 하고, 이불을 묵직하게 덮어주면 깊은 잠을 자서 그렇게 해준다고도 했다.

며느리는 어머니께서 이불을 해 주셔서 요긴하게 사용한다고 한다. 고마운 마음을 표현할 줄 아니 예쁘다. 잠시도 쉴 틈 없이 움직이는 손이 딱해서 잡아주었다.

새벽에 조반만 먹고 나오려는데 진우가 굳이 터미널까지 데려다 준다고 한다. 내 집의 편안함이 뼛속까지 느껴진다. 내 집에서 편안하게 잘 때 느끼는 행복감은 세쌍둥이가 태어나면서 느낀 포만감과 같다. 아들네 집을 오가며 느낀 감정이다. 편안한 밤을 보내게 되어 그저 감사한 마음이다. 그 삶을 오래 가꾸기를 바란다.

하루가 다르게 어여쁘게 자라는 아이들

♣ 2009년 12월 3일 목요일 흐림

다시 연말이 되었다. 선생님께서 자신의 15대 뉴스를 밝히시면서 우리에게도 올해의 반성과 신년 계획을 밝혀보라고 하셨다. 선생님께선 올해 문학상을 세 번 타시고 해외여행을 세 번 한 아주 행운의 해였다고 회고하셨다. 조항숙 씨는 나와 함께 공부한 것이 행운이었다고 했다. 돈은 다음에도 벌 수 있지만 공부는 때를 놓치면 할 수 없다고 말한 나의 뜻을 알아차리고 실천한 그녀가 참 현명하면서도 대견하다.

나의 10대 뉴스 중 첫 번째는 세쌍둥이의 할머니가 된 일이다. 이 아이들이 어떤 인연으로 나에게 왔을까를 깊이 생각하게 되었고, 세상일 가운데 자식의 일만은 인력으로 되지 않는다는 것을 알게 되었다. 두 번째가 실달학원에서 공부를 하게 된 일이고, 뜻을 함께하는 좋은 도반들을 만난 일이다. 세 번째가 독서를 열심히 하고 수필 공부에 마음을 쏟는 점이다. 수필을 잘 쓴다는 것은 자아를 돌아다 보는 것. 작가의 양식은 고독이므로 과감하게 혼자 있는 시간을 많이 가지려고 한 점이다. 사소한 즐거움이라도 어떻게 하면 주어진 시간을 귀중하게 쓸 수 있을까를 생각한다. 네 번째가 부부 리모델링 차원으로 부부 심리테스트와 상담을 받은 것이다. 인생 후반전에 들어서서 부부관계를 재정비하겠다는 깊은 뜻이다.

연보 작성법을 배우고 1년을 당차게 마무리하려고 한다. 이 일은 남은 생의 중요한 부분이라고 깊이 인식하였다. 또 수영도 열심히 하고 가족에게 최선을 다하는 아내로서, 할머니로서, 딸로서, 엄마로서, 시어머니로서, 그밖에 관계된 모든 인연들과 좋은 관계를 유지하는 사람이었으면 좋겠다.

♣ 2009년 12월 12일 토요일 맑음

남편과 둘이 청주 큰아들네 집에 갔다. 주중에는 학교에 배움터 지킴이로 나가는 틈틈이 탁구를 치고, 토요일과 일요일은 등산을 하면서 온전히 자신의 건강을 위하여 보내는 남편이다. 집안의 행사, 지인이나 친구 자녀들 결혼식이 아니라면 결코 양보하지 않는 사람이 선선히 아들집에 가는 나를 따라나선 걸 보면 할아버지로서 눈앞에 어른거리는 아기들이 보고 싶은 마음은 어쩔 수 없나보다.

아들네 집이 가까워 올수록 아기들이 얼마나 자라있을까 생각하면 벅차오르는 기쁨을 주체할 수가 없다. 아들이 큰손자와 함께 터미널에서 기다리고 있었다. 오롯이 3대가 모였다. 대를 이은 기쁨이 이런 것인가. 그이 역시 아들과 큰손자의 영접을 받으니 행복한가보다.

침대에 나란히 누운 아기들이 방싯거리며 웃고 옹알이를 하면서 우리를 맞아 주었다. 반갑다고 손까지 버둥거리며 눈을 맞추고 우리 부부를 환영하지 않는가.

고속버스를 타고 오느라고 몸은 힘들어도 마음이 뿌듯하다. 하루 종일 아기들을 돌보느라 며느리가 얼마나 힘이 들었을까 생각하니 내 힘껏 돌봐주고 싶다. 건강만 허락한다면 몸이 부서지더라도 손자들을

보며 며느리와 아들이 잠시라도 쉴 수 있게 해주고 싶다. 아들 며느리는 우리가 저희 집에 가면 잠시 휴우 하고 편안한 숨을 내쉰다.

♣ 2009년 12월 13일 일요일 흐림

새벽 3시에 일어나 아기들과 도우미 아주머니와 함께 놀았다. 아기들과 종일 재미있게 보내니 얼마나 예쁜지 모르겠다. 어머니들이 자녀를 보면서 눈에 넣어도 아프지 않다는 말이 이럴 때 흘러나오는 말인가 보다. 아기들을 보면 차오르는 벅찬 기쁨을 주체할 수가 없다. 내 자식들을 키울 땐 고달픈 생활에 지쳐 순간순간 넘치는 행복감을 모르고 지냈다.

내 일을 대신하셨던 어머니가 지금도 그때의 행복한 순간들을 떠올리며 입에 침이 마르도록 이야기를 하시니 그 마음이 이 마음이었을까 가늠해 볼 뿐이다. 나의 어머니는 그때 이야기로 침이 마를 사이가 없다.

얼굴이 뽀얗고 이목구비가 셋 중 제일 반듯한 기헌이는 더 많이 예뻐지고 체중은 7kg란다. 제 형과 비슷하지만 약간 수줍음을 머금고 떼가 심한 기환이는 체중이 6kg, 셋 중에서 가장 작고 어리광이 심한 기웅이는 5.7kg인데 도우미 아주머니가 집에 데려가서 돌보느라 손을 탔는지 많이 안아달라고 한다.

저녁밥을 먹고 7시에 부랴부랴 아들네 집을 떠났는데 8시 표만 있단다. 우선 샀지만 아들이 마음이 놓이지 않는지 다른 고속터미널로 가 보게 환불을 했으면 좋겠다고 했다. 그쪽으로 가도 버스표가 있을지 없을지 모르는 일이어서 나는 조금만 기다리면 된다고 했다. 마음을 써주는 점이 고마웠다. 운전사 아저씨가 과속운전을 해서 마음이 조마조마했다.

며느리가 사준 유리그릇 세트를 풀어 씻어 놓고 어루만져 보았다. 돈도 없을 터인데 아낌없이 사준 며느리의 마음이 참 어여뻤다. 나도 여자인지라 예쁜 그릇을 보면, 특히 깨끗한 유리그릇을 보면 갖고 싶었으나 평생 내 손으로 사지 못했다. 그런 유리그릇을 며느리로부터 선물 받고 보니 새색시로 돌아간 듯 뿌듯하다. 이 세상 어느 선물보다 나를 행복하게 해주었다.

세 아기는 행복샘을 파는 원동력

♣ 2009년 12월 25일 금요일 눈 비

오후에 임영아 언니가 자기 아파트 앞에서 만나자고 해서 가니 아이들이 간단하게 덮을 수 있는 이불 세 채와 부부용 모자세트를 손수 만들어 오셨다. 그리고 자신이 아껴 입었을 코트까지 선물로 주셨다. 나는 별로 보답할 것이 없어서 내가 담가 놓은 포도주 한 병과 모과 따 놓은 것 몇 개를 드렸다.

오랜만에 뵈었는데도 어제 만난 것처럼 반가웠다. 알뜰하면서도 단단하고 여성스러운 분이다. 70세를 훌쩍 넘기고도 아직도 손수 만든 것들을 사랑하는 마음에 얹어 줄 수 있는 언니가 부럽기도 하다. 오래 헤어져 있어도 떠난 사람의 마음 안에 머물고 있는 나는 행복하다.

♣ 2009년 12월 31일 목요일 눈

한 해의 마지막 날이다. 새벽 걷기에 나섰다. 달은 둥그렇게 떴는데 아무도 없는 운동장엔 간밤에 내린 눈이 순백 상태다. 혼자서 청정한 눈밭을 걷는 마음이 처연했다. 내 앞에 놓인 순백의 영혼들, 세 쌍둥이를 생각해 본다. 내 마음속에 어지러운 눈발으로 한 해 동안 산란했던 건 아닌지 잠시 생각했다.

어제 막내동생 승범이가 미국에서 전화를 했는데 본의 아니게 마음 아프게 했던 생각이 났다. 한국에 있을 때 나를 실망시키고 힘들게 했어도 내 60번째 생일을 잊지 않고 꽃바구니를 보내고, 세쌍둥이 출생 기념으로 축의금까지 보내준 고마운 막내인데, 미처 그런 생각을 잠시 잊고 있었다.

♣ 2010년 1월 1일 금요일 맑음

우리 큰아들이 어렸을 적 헬리콥터 백 대를 사준다는 약속을 지키지 않는다고 서운해 하시는 친정어머니.

나의 제일 큰 행복은 어머니를 모시고 온 식구가 함께 나들이를 가거나 모였을 때다. 앞으로 얼마나 더 어머니를 모시고 다닐 수 있을까.

새해 첫날을 청주 아들네 집에서 보내기로 하고 어머니와 우리 부부 그리고 작은아들이 길을 나섰다. 네 식구가 함께 기분 좋게 나섰는데 어머니가 뜬금없이 지난날 공치사를 하셔서 기분을 흐려 놓으신다. 어디서든지 자기 할 말 다하시는 어머니의 지나친 당당함 때문에 민망한 적이 한두 번이 아니다.

사람들 중에 할 말 없는 사람이 누가 있을까. 오늘도 그랬다. 네 아들 돌보기에 코가 석 자는 빠져 숨 가쁘게 사는 큰아들 네다. 그럼에도 그분은 자기 생각만 하신다. 큰손자가 어렸을 때 당신에게 헬리콥터 백 대를 사준다고 했는데, 지금 뭐하냐는 것이다. 어린 마음에 고마운 할머니께 못할 약속이 어디 있다고, 약속을 지키지 않는다고 투정을 부리실까. 민망하고 답답하다.

큰아들 집에 가니 세 아기들이 아주 사랑스럽고 더 예뻐졌다. 집에서는 조용히 책이나 읽으며 시간을 보내는데 큰아들 집에 오면 웃을 일밖에 없다. 젖 먹이고, 기저귀 갈아주고, 안아주면 제법 목도 가누고 옹알이를 한다. 기웅이는 번쩍번쩍 선다. 남편도 아기들이 예쁜지 아픈 허리로도 안아주느라 아기 방에서 나오지 않는다.

기윤이에게는 헬리콥터와 자잘한 선물로 기쁨을 주었다. 식구들이 저만 위해 주는 것 같아 기쁜가 보다. 역시 가족은 서로 도우며 살아야 한다.

새해는 선우도 연서도 결혼하는 해였으면 좋겠다. 많이 도와주고 싶지만 마음대로 되지 않는다. 아기들을 보는 순간, 지난번에 보았을 때보다 머리통이 커져 있어서 깜짝 놀랐다. 나 혼자만 느끼는 기분일까.

♣ 2010년 1월 2일 일요일 흐림

기헌이는 의젓하고 진중하다. 기환이는 예쁘고 자기주장이 강하다. 또 기웅이는 착하며 조용하기가 계집애 같다. 그런데 생긴 모습이 너무 비슷해서 제 아비 어미도 발가락을 보아야 알아볼 정도다.

참 신기하고 예쁘다. 오른쪽 팔을 들어 주먹을 쳐다보는 것이 셋이서 아주 똑같다. 제 어미도 신기한지 와서 보라고 함박웃음으로 청한다. 아무리 힘들어도 아기들이 주는 웃음 한번과 몸짓으로 받는 기쁨은 모든 시름을 녹이고도 남는다.

청주에 열 식구가 모여서 하는 일이라고는 오직 아기들 웃는 모습, 젖 먹는 모습, 옹알이하는 모습, 우는 모습을 보는 것이다. 그럼에도 온 식구는 마치 콜럼부스가 신대륙을 발견했을 때 느끼는 기쁨처럼 서로 자기가 본 아기들의 모습을 이야기한다. 아기 부모야 당연한 일이지만, 집에서 좀처럼 웃음이 없는 친정어머니와 남편, 그리고 작은 아들까지 웃음이 샘솟으니 아기들이야말로 행복 샘을 파는 원동력이 아닐까. 하루든 이틀이든 아기들과 함께 있는 시간은 온 식구의 마음을 하나로 모으는 결집체가 되는 것이 분명하다. 새해 첫날부터 아기들로 인해 가슴 뿌듯한 행복감으로 충만해져서 돌아왔다.

♣ 2010년 1월 9일 토 맑음

날씨가 풀릴 기미가 보이지 않고 눈은 그대로 남아 있다. 아침 일찍 집을 떠났다. 눈 온 산천을 바라보면서 아들네로 가는 기쁨이 컸다. 도착하니 12시 40분이었다. 가자마자 손을 씻고 아기들을 돌보기 시작했다.

큰아들이 오후 2시에 대학교 은사의 신년하례식에 가야 하는데 주춤거리다 1시간 30분이나 늦었단다. 인생이 계획한대로 되는 것은 아닌데 주춤거리는 점이 마음에 들지 않았다.

모든 것은 인연법에 따른 것, 우리 가족은 선연에 따라 형성된 것이 아닐까 생각해 보았다. 기쁨을 주는 아기들이 자꾸 나를 청주로 이끄는 걸로 보아서는 분명 그럴 것 같았다. 큰손자 기윤이가 제 아빠를 따라서 서울로 가고 나니 할 일이 없다. 자리를 비우고 나서야 기윤이가 차지하는 자리가 크다는 것을 새삼 느꼈다.

아기들 셋이 모두 잠들자 모처럼 며느리와 오붓한 대화를 나눈다. 며느리가 자신의 외할머니께서 쌍둥이를 낳았는데 낳자마자 실패했다는 이야기를 들려주었다. 그러면서도 우리 집에 세쌍둥이가 태어난 것은 자신 때문이라고 했단다. 의학이 발달하지 않았던 시대에 그럴 수도 있겠다는 생각에 마음이 잠시 착잡해졌다. 모든 게 인연법에 따라 얽히고설킨다는 생각도 하고, 잠깐의 대화로 엄청난 삶의 비밀을 알아낸 느낌이다.

그렇지 않아도 우리 집에는 없는 일인데 어쩐 일일까 궁금했다. 쌍생아 유무는 외탁한다는 말이 맞는 말인 것 같다. 자식을 낳고 기르는 데 있어 모계가 끼치는 영향이 지대하다는 건 공연한 말이 아님을 새로 깨달았다.

어떤 며느리는 불리한 이야기는 하지 않는다는데 그런 것 가리지 않고 허심탄회하게 이야기기해 주는 며느리의 솔직함이 좋다. 뿐만 아니라 며느리가 아주 부지런히 자기 일을 해내니 다행이다. 밤에 아기들을 돌보는 아주머니가 좀 신경을 쓰이게 하나보다. 남의 험담을 하지 않는 며느리가 힘든 내색을 하는 걸 보면서 그런 걸 느꼈다.

처음에 그 아주머니와 대화를 나눴을 때 아주 독실한 신앙인으로 좋은 사람이라는 인상을 받았는데, 그도 사람인지라 돈 앞에서는 어쩔 수 없나보다. 그렇지만 밤과 낮으로 두 사람을 쓰다 보니 비교를 안할 수가 없단다. 낮에 도와주는 분은 훨씬 힘든 일이 많은데도 헌신적으로 해주셔서 며느리가 언니처럼 따른단다. 세상에 이유 없는 일은 아무 것도 없다고 생각한다. 물론 공짜는 더더욱 없는 일, 당신이 잘해주면 심성 곱고 사리 밝은 며느리가 그 고마움을 모를 리 없을 터인데, 늦게라도 고마움을 잊지 않고 전할 날이 있을지도 모르는데, 당장의 이익에 어두운 것이 인간의 한계인가 보다.

♣ 2010년 1월 10일 일요일 맑음

날씨가 포근하다. 어젯밤 11시부터 밤을 새우다시피 했는데 긴장을 해서인지 피곤하지가 않다. 며느리가 잠을 잘 잤다고 고마워했다. 새벽에 두 번 우유를 먹였다. 내가 도움이 된다면 힘닿는 데까지 돌봐주려 한다.

아기들이 조금만 기척을 해도 눈을 뜬다. 주위가 고요하니 아기들은 잠을 잘 잔다. 기헌이는 큰놈답게 튼실하고, 기환이는 아주 빠릿빠릿하고, 기웅이도 많이 크고 옹알이를 잘한다. 눈을 맞추니 너무 예쁘다.

내가 가면 아들 내외가 심리적으로 안정되고 일손도 더니 좋은 일이다. 몸은 힘들어도 자식을 도와주고 오는 발걸음이 가볍다. 며느리는 말할 것도 없지만 아들도 딱하다. 그래도 기윤이와 함께 박물관에 다녀오더니 기분전환이 되었단다.

♣ 2010년 1월 22일 금요일 맑음

아기들이 태어난 지 7개월째다. 그동안 여러 면으로 많이 자라서 신기하지만, 특히 놀라운 일은 이제 빈 젖꼭지는 빨지 않고 손가락을 빨다가 잠이 든다고 한다. 그 어린것들이 허(虛)와 실(實)을 구별한다는 것이 좋으면서도 한편은 안타깝다.

그 아이들이 앞으로 살면서 얼마나 많은 기대와 실망 사이에서 기쁨과 서글픔을 겪을까. 제 엄마 이야기로는 기웅이의 다리 힘이 얼마나 좋은지 모른다고 했다. 아기 엄마의 입에서 흘러나오는 말은 대부분 거짓말이라고 하는데, 나의 며느리라고 예외겠는가.

나와 정이 들지 않은 기윤이는 나와 함께 있는 걸 별로 좋아하지 않는다. 제 엄마가 병원에 가있는 동안 친구네 집에 가고 싶다고 해서 한나절을 잘 놀고 왔단다.

세쌍둥이의 청주생활

♣ 2010년 2월 8일 월요일 맑았다 비

명절에 집에 와서 지내겠다고 며느리가 전화를 했다. 명절 때는 도우미 아주머니도 쉬어야 하니 저희들끼리 지내기가 힘든가 보다.

♣ 2010년 2월 13일 토요일 맑음

음력 섣달그믐 12월 30일이다. 온 가족이 한 자리에 모인 날, 가족의 소중함을 절실히 느끼는 날이다. 가정의 평화가 중요함도 깨닫는다. 내 가정을 깨끗이 관리할 수 있는 힘이 있다는 게 얼마나 다행인지, 마음만 먹으면 무어라도 할 수 있는 힘이 있다는 것을 몸을 마음대로 움직이지 못하는 사람들을 보며 배웠다. 힘은 들지만 온 식구가 함께 모이니 행복하고 기뻤다. 조카 예린이와 현우가 제 당질들을 잘 돌봐주고 있으니 기특하다. 한집에 모이는 식구끼리 벌써 5촌으로 이어지고 있다.

♣ 2010년 2월 14일 일요일 맑음

설날 아침이다. 새벽에 몇 번이나 아이들 방에 귀를 기울여보다가 기환이가 잠이 깨어 우리 방으로 데려왔다. 식구들이 나서서 안아주면 제 엄마가 조금은 수월하겠지.

온 가족이 차례를 지내고 형제들끼리 마주 절을 하고 서로 덕담을 나눈다. 우리 가족이 어느 사이 건강에 대한 덕담을 하는 걸 보며 세월을 느낀다. 아이들에게 차례대로 세배를 받으며 귀한 전통의식이 엄숙하면서도 화기애애하게 진행되었다. 특히 기윤이가 한복을 입고 의젓하게 조상님께 절하는 모습에 절로 입가에 웃음꽃이 피어났다.

십여 명의 집안 남자들이 절을 하니 차례상이 꽉 차서 뿌듯하다. 남편이 어린 조카들까지 술 한 잔씩 올리게 하는 것은 교육상 좋은 일인 듯하다. 아이들이 하루 더 있다 갔으면 했는데 점심 먹고 떠났다, 아무래도 먼 길에 아기들 건사하기가 힘이 들겠지. 가상 돌(원래 예정일)이 11월이니 내년쯤이면 좀 더 수월할까. 남편은 아기들을 번갈아 안아주더니 팔도 아프고 허리도 아프다며 하소연을 한다. 아기들이 부쩍 자랐으니 제 부모가 얼마나 힘이 들까. 집에 잘 도착했다는 전화로 한 해가 다시 시작되었다.

♣ 2010년 2월 22일 월요일 맑음

큰아들이 아기들 사진을 메일로 보내주었다. 아주 예뻤다. 기환이와 기웅이는 너무 똑같이 생겨서 사진으로는 구분할 수가 없다. 자주 만나지 못하니 사진이라도 보라며 신경을 써주니 고마울 뿐이다. 복이 따로 있을까 싶다.

♣ 2010년 2월 28일 일 맑음

남편은 고등학교 동창 산악회에 가고 나는 오전 10시 10분 차를 타고 청주로 향했다. 진우가 터미널에서 기다리고 있었다. 며느리 친구들이 온다는데 내가 가서 아기들을 돌봐주어야 할 것 같아서다. 혹시 나 때문에 불편할까 싶어 안 갈까 생각했는데 역시 가길 잘했다.

고등학교 동창들이라는데 주방에서 자기 집처럼 김치찌개를 끓이는 친구들도 있었고, 우남 씨와 은비엄마는 아기를 하나씩 업고 있었다. 내가 가자 무척 반가워했다. 아기들이 토실토실 살이 올라 얼마나 예쁜지, 감기에 걸린 기웅이는 우유를 잘 먹지 않고 칭얼댄다. 기윤이가 어린이집에서 옮아온 감기에 식구들이 몽땅 걸렸단다. 그래도 기환이는 연신 눈을 맞추며 싱글벙글 웃는다. 기헌이는 의젓하고 기웅이는 잠이 깨니 떼를 쓴다.

며느리 친구들이 아기들이 참 순해서 좋다고 칭찬을 하였다. 친구들이 참 편하고 좋은 사람들이다. 멀다고 생각하면 멀겠지만 마음을 열고 생각하면 한없이 가깝지 않을까. 나의 진심이 전해진다면 그들도 나를 불편하다고 생각지는 않겠지. 함께 밥을 먹고 아기들과 낮잠을 자고 있는데 친구들이 간다고 인사를 했다.

기윤이가 은비를 보고 가지 말라며 서럽게 울었다. 날 보고는 자꾸 가라고 하면서 제 친구는 가지 말라고 하니 조금 서운하다. 제 아빠가 은비 자동차와 비슷한 걸로 사주고 나서야 가까스로 달랠 수 있었다.

♣ 2010년 3월 1일 월요일 비

새벽 3시에 창문이 훤해 깜짝 놀라 잠이 깼다. 진정하고 보니 아들네 집 안방이었다. 여섯 시 반에 샤워를 하고 아기 방에 갔더니 기윤이가 또 가란다. 왜 그러냐고 물으니 내가 있으면 불편하단다. 남편은 나보고 왜 가서 그런 대접을 받느냐고 놀린다.

기헌이는 착하고 의젓하고, 기환이는 뒤집기를 잘하고 다리도 꼿꼿이 잘 선다. 웃음과 옹알이를 달고 시선도 떼지 않고 웃는다. 기헌이는 뉘어 놓은 채 얼러도 잘 웃는다. 2~3분 간격으로 태어났어도 태어난 순서에 따라 차이가 완연한 것이 신기하다. 퇴원도 기환이가 제일 먼저 하더니 집에 와서도 성장속도가 앞선다. 뒤집기를 한 지 한참 되었단다.

내일부터는 기윤이가 어린이집에 가면 제 어미와 다소 분리되겠지 싶다. 가지고 싶은 물건이 있으면 할머니께 전화를 걸라고 했다

♣ **2010년 3월 13일 토요일 흐림**

〈진우의 컴퓨터에 저장된 글〉

나의 자성예언

나는 나의 능력을 믿으며

어떠한 어려움이나 고난도 이겨 낼 것이다.

나는 자랑스러운 나를 만들 것이며

항상 배우는 사람으로서 큰 사람이 될 것이다.

나는 늘 시작하는 사람으로서 새롭게 일할 것이다.

어떠한 일도 포기하지 않고 끝까지 성공시킬 것이다.

나는 항상 의욕이 넘치는 사람으로서 행동, 언어 그리고 표정을 밝게 할 것이다.

나는 긍정적인 사람으로 마음에 밤이 들지 않도록 할 것이며, 남을 미워하거나 시기 질투하지 않을 것이다.

나는 내 나이가 몇 살이 되든 스무 살의 젊음을 유지할 것이며 한 분야의 전문가가 되어 나라에 보탬이 될 것이다.

나는 다른 사람의 입장에서 생각하고 나를 아는 사람들을 사랑할 것이다.

아들의 다짐을 읽으며 마음을 놓는다. 아기들은 연신 벙긋거리며 웃으니 예쁘고 사랑스럽다. 꽉 깨물어주고 싶도록 어여쁘다.

기환이는 잠잘 때 위로 올라가고, 기헌이는 엎어진 채 아래에서 잔다. 기웅이는 그 자리에서 가만히 잔다. 웃는 모습도 기환이는 까르르 웃고, 기헌이는 소리 없이 입을 벌리고 웃으며, 기웅이는 벙싯벙싯 웃는다. 자는 모습도 웃는 모습도 제각각인 아기들이 예뻐서 보는 나도 오직 웃음뿐이다.

♣ 2010년 3월 14일 일요일 비

이틀 동안 아기들을 보자니 허리가 휘청거렸다. 며느리가 그런 내가 안쓰러운지 무척 걱정을 한다. 매일 보는 사람도 있는데 이것쯤 대수냐고 대답한다. 어려울 때에 사람을 알아본다고 정말 몸과 마음을 아끼지 않고 최선을 다하고 있는 아들 며느리가 기특하다.

기윤이가 제 엄마를 힘들게 해서 내가 '바보'라고 했더니 막 소리를 지른다. 기윤이와 둘이 있을 때 기윤이에게 "기윤아, 아까 너보고 바보라고 한 말 사과해."라고 했더니 저도 "아까 할머니께 소리 지른 것 사과할 게요."라고 즉시 말하는 것이 아닌가. 나는 깜짝 놀라서 기윤이에게 너무 사랑해서 그랬다고 하니 저도 그렇단다.

기윤 어미에게 말하니 그애는 윽박지르면 더 말을 안 듣는다고 한다. 할머니가 아기들과 놀아주면 네가 엄마와 더 많이 놀 수 있잖느냐고 하니 고개를 끄떡거린다. 언어와 생각이 깊은 걸 보면서 말이 얼마나 중요한지를 깨닫는 계기가 되었다.

오늘은 아이들이 우유를 잘 먹지 않아 이유식을 먹였다. 큰아들과 기윤이가 나를 터미널까지 배웅해 주었다. 통설에 쌍둥이를 둔 부부는 이혼을 생각하지 않는다고 한다. 어려운 가운데 자식을 키우며 서로의 귀중함을 깨닫는가 보다. 사랑스러운 손자들이 크면 클수록 얼마나 대견하고 예쁠까 생각하면 빨리 컸으면 좋겠다. 기윤이가 정리정돈을 잘해서 어린이집에서 상을 받았다고 한다.

2010년 3월 24일 수요일 맑음

아기들이 뒤집고는 맘대로 기어지지 않는다고 용을 쓰면서 낑낑댄다고 한다. 그리고 아이들 셋이 이가 두 개씩 똑같이 났다는데, 빨리 보고 싶고 어머니에게도 보여드려야 하는데 가지도 못하고 마음만 바쁘다.

♣ 2010년 4월 4일 일요일 맑음

아침 일찍 집을 떠나 청주로 향했다. 큰아들이 부부가 파김치가 되어 있으니 빨리 오셨으면 좋겠다는 연락을 했기 때문이다. 그래서 차 속에서도 힘껏 달렸다. 함께 가시는 어머니도 좋아하시니 나도 좋다.

새벽 2시 반부터 아기들을 번갈아 업어주고 안아주느라 쉴 틈이 없다. 엉덩이가 아픈데도 아이들 거북할까 참고 또 참았다. 아기들이 앞니가 두 개씩 나고 뒤집기를 얼마나 잘하는지 신기하다. 아기들이 나를 어떻게 알아보고 환하고 어여쁜 웃음을 선사하는지 모르겠다.

기환아, 너희들은 할머니를 이토록 좋아하는데 너희 형은 할머니를 싫어한다고 하니 기윤이가 "할머니, 저도 이제는 할머니를 좋아해요." 한다. 도무지 다섯 살짜리 말 같지 않아 놀랍다. 남의 말을 귀담아 듣고 있다가 때맞춰 자기 생각을 이야기하는 나의 맏손자 기윤이….

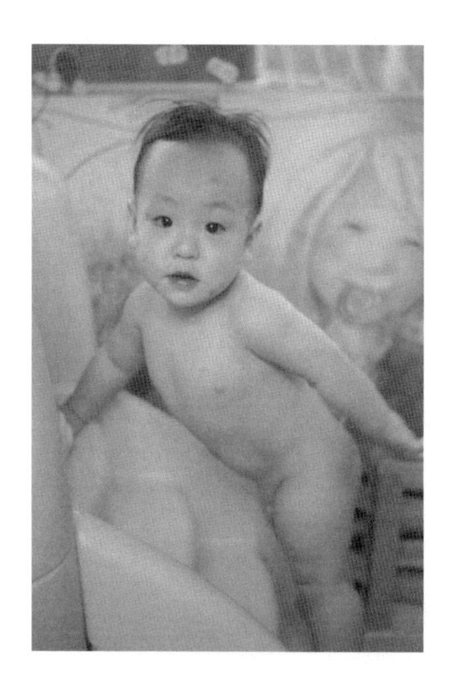

우리 집으로 오고 싶다는 며느리의 제안

♣ 2010년 4월 8일 목요일 맑음

아들이 우리 집으로 들어와 살면 안 되겠느냐고 전화를 했다. 심정적으로야 함께 살면 좋겠지만 현실적으로 어려움이 따를 것 같아서 선뜻 대답을 못한다. 내 몸도 아픈 상태에서 친정어머니 모시기도 수월찮은데 아기들 데리고 쩔쩔매는 것보고 나 몰라라 할 수도 없고, 그러자면 힘들어지는 건 자명한 일이다.

남편은 비실거리는 나를 보면 안타깝다고 한다. 내 역할을 다하지 못할 때 며느리는 섭섭함이 쌓일 것이고 결국 사이만 나빠질 거라고. 한 번 나빠진 사이는 회복이 안 된다고 염려를 하였다. 아버지께 여쭤 보겠다며 전화를 끊었다. 며느리가 다시 아버님께는 말씀드리지 말라고 전화를 했다.

♣ 2010년 4월 17일 토요일 흐림.

외사촌 동생 성은이와 청주에 갔다. 아기들은 여전히 벙긋거리면서 반겨주었다. 기윤이도 씩씩하게 인사를 잘해 좋았다. 몸살감기로 아들네 집에 안 갔으면 딱 좋았겠는데, 아이들이 기다릴 생각을 하면 도무지 그럴 수가 없었다.

역시 아파도 오길 잘했다. 큰아들이 나에게 독감예방주사를 맞지 않았다고 타박을 하였다. 자식이 아니면 신경을 써줄 사람이 누가 있겠는가.

♣ 2010년 4월 18일 일요일 맑음

아이들이 벚꽃 구경을 가잖다. 거기서 곧장 서울에 올 생각으로 점심 먹고 느지막이 나가자고 했다. 엄마 아빠의 사랑을 듬뿍 받고 자란 아이들은 표정부터 다르다. 항상 방글거리는 모습, 무엇이 그리 좋은지 나와 눈을 마주치면 웃음꽃을 활짝 피운다. 혹시 아기들에게 감기라도 옮길까봐 각별히 신경을 썼다.

한적한 천변으로 가니 한적하고 냇물도 있어 좋았지만 꽃이 피지 않아 무심천으로 갔다. 천변에 자동차를 세워 놓고 아기들은 유모차에 태워서 걸었다.

청주 시민들이 다 나온 것 같은 둑길을 걷는데 지나가는 사람들이 우리 아기들이 예쁘다며 신기해했다. 그러나 세쌍둥이 덕분에 어딜 가나 관심의 표적이 되는 것에 대해 아들은 무척 부담스러워한다.

♣ 2010년 5월 1일 토요일 맑음

청주에 가기 위해 아침 일찍 일어나 밥과 반찬을 해놓고 집을 나섰다. 남편이 기윤이 장난감 하나를 사주라고 했다. 부지런히 서둘러도 7시가 넘었다. 약간의 반찬을 해가지고 나섰다.

밤에 아기들 우는 소리에 깨어보니 큰아들이 아기를 업고 밖을 서성이고 있다. 도대체 언제 잠을 자려는지. 며느리 말이 아이들이 평소에 잘 자다가도 어머니가 오시면 용케 알고 밤잠을 안 잔다고 한다. 남편이 기윤이에게 엔진 킹이라는 장난감을 사주었다. 일본말이 나와서 거슬렸다. 내가 제 옆에 누우니 제 엄마 자리라고 한다. 나도 내 자식들에겐 인기 만점의 엄마였는데. 손자도 제 엄마만 좋아한다.

♣ 2010년 5월 5일 수요일 맑음

기윤네 여섯 식구가 우리 집에 모였다. 아기들이 태어나서 설날에 이어 두 번째 나들이다. 아기들이 집에 오니 밤처럼 깜깜하고 적막하던 집안이 환해졌다. 분위기가 생기 있게 바뀌었다. 이래서 집에는 아이들이 있어야 하나보다.

그동안 어머니랑 서먹했던 관계도 좋아지고 선우도 하루 종일 집에 있으면서 아기들을 안아주니 좋다.

북서울 꿈의 숲에 가니 발 디딜 틈도 없다. 그렇게 많은 사람들이 모일 줄은 몰랐다. 어머니와 선우, 며느리, 기윤이와 세쌍둥이가 함께 가니 더욱 꽉 찬 느낌이다. 지나가는 어떤 임산부를 보고 내가 웃으니 기윤 엄마가 왜 웃느냐고 묻는다. 앞으로 얼마나 부대끼며 살까 생각하니 그냥 웃음이 나왔다고 대답한다. 그것이 인생의 재미가 아니겠는가. 선우에게는 얼른 결혼해서 자식을 낳으라고 말해주었다.

아이들의 까만 눈동자는 사람을 빨아들이는 힘이 있다. 나중에 한가할 때 다시 오자고 며느리가 아들에게 말했다. 도랑에는 많은 물이 흐르고, 사람들은 어른 아이 할 것 없이 그 물속에 발을 담그는 모습이 정겨워 보였다.

♣ 2010년 6월 8일 화요일 맑음

아기들이 서울대병원에 간단다. 11시쯤 1차 검진을 마치고 차에 타는 중이란다. 오후 4시에 2차 검진을 해야 하기에 우리 집에 와서 잠시 쉬어갈 참이란다. 부랴부랴 점심을 해 먹여서 병원에 함께 갔다 성장 상태는 보통이고 기윤이는 1년 후에, 쌍둥이들은 6개월 후에 오라고 했다. 아기들과 3시간 정도 놀아주었다.

며느리 말에 의하면 아기들이 아침에 제 아빠가 출근하는 기미를 보이면 가지 말라고 다리를 붙잡고 운단다. 어린것들도 잘해주는 사람을 용케 알아보니 참 신기하다.

처음에 아기를 보아주던 아주머니가 다시 온다고 한다. 제 어미 말에 의하면 하루는 셋이서 울어대는데 어떻게 할 수가 없어 함께 울고 나니 자신감이 생기더란다. 요즘엔 유모차에 태우고 나가거나 아기들이 기어 다니니 해볼만 하단다. 어려움을 겪고 나야 성장하는 것이 아니냐고 말해주었다.

13일에 친정외할머니를 뵈러 서울에 온다고 해서 12일에 와서 자고 가라고 말했다. 며느리는 그래도 되느냐고 한다. 남편은 아이들 하는 대로 내버려두고 이러쿵저러쿵 하지 말란다. 어차피 시골에서 아이들을 키우면 그만큼 뒤처지니 더 늦기 전에 서울로 이사 왔으면 좋겠다.

♣ 2010년 6월 15일 화요일 비

매사에 너그럽지 못하고 옹졸했던 게 부끄럽다. 뒤늦게 후회했다. 살면서 받은 것이 너무 많다. 진 빚이 너무 많다. 은혜를 갚는 일에 온 힘을 다해야겠다. 비가 오니 공연히 마음이 우울하다.

아이들을 집으로 못 들어오게 한 것도 후회가 되어 어찌할 바를 모르겠다. 엄 여사에게 전화를 거니 집에 들어와서 안 좋은 것보다 지금이 나으니 그리 생각하지 말란다. 남편 역시 그렇고…. 울적한 마음을 어찌해야 할지 모르겠다.

며느리에게 집 근처로 이사를 오라고 말을 하고 나니 비로소 마음이 편해졌다. 밖에 나가서 다른 아이들을 보아도 우리 아기들이 눈에 밟혀 살 수가 없다. 내 손자들은 다른 사람에게 돈 주고 맡기면서 지금 내가 뭐하는 짓인가 싶다. 아기들 보다가 내가 아프면 며느리에게 가서 얻어먹을 수도 있고, 힘든 점도 있겠지만 좋은 점도 있으리라고 생각되었다.

연서에게 전화를 걸어 내 속마음을 털어놓으니 엄마 맘이 편한 대로 하라고 한다. 반찬 타박하시는 어머니께 요리사가 해드리는 대로 잡수라고 말씀드리니 미안한지 웃으면서 그러겠노라고 하셨다.

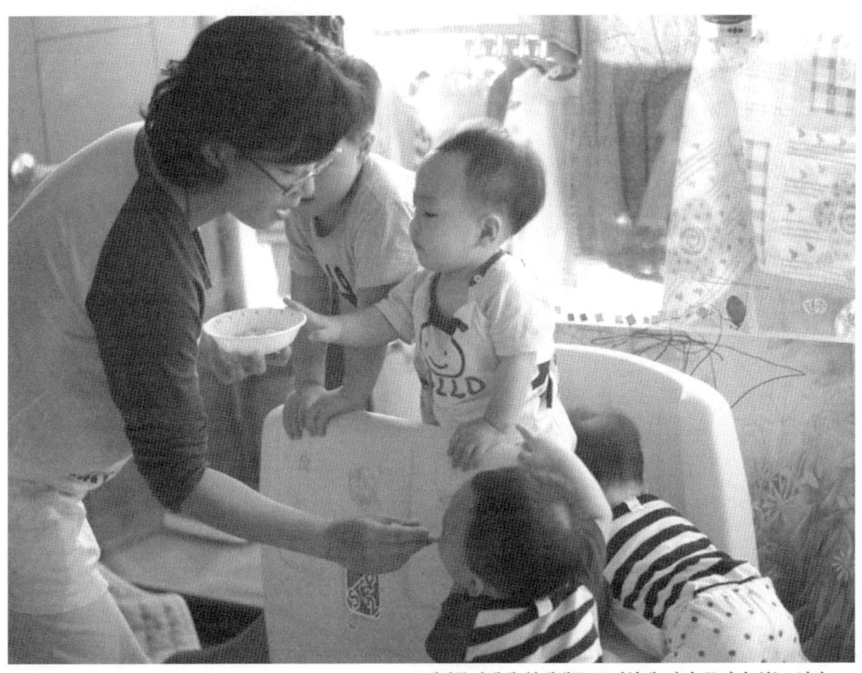

세쌍둥이에게 차례대로 공평하게 먹여 주어야 하는 엄마…

♣ 2010년 6월 19일 토요일 맑음

남편과 둘이 천안 가온치과에 다녀오면서 오후 3시에 진우에게 전화를 하니 마침 우리집에 와서 주차중이란다. 서둘러 오니 기헌이와 기웅이가 반갑게 맞이해 준다. 역시 자식은 좋은 것이다. 선우도 수영장에 가지 않고 아기들과 놀아 주니 흐뭇하다. 형이 집에 온다고 해서 기다렸다고 하니 우애 있는 형제를 보는 부모의 마음은 더없이 좋다.

온 식구가 모이니 집안이 떠들썩하고 사람 사는 집 같아서 좋다. 다같이 '북서울 꿈의 숲'에 가서 놀았다. 기윤이가 처음엔 다른 아이들과 섞여 놀 엄두를 내지 못하더니 미끄럼틀을 타보라 했더니 이내 적응을 했다. 선우는 기헌이가 의젓하고 착하다며 잘 데리고 논다. 기웅이가 약을 먹는데 입을 벌리지 않아서 힘들었다. 그 어린것이 어떻게 사는 법을 터득했는지 신기하다.

♣ 2010년 6월 20일 일요일 맑음

새벽 3시 30분쯤에 아기들 우는 소리에 깼다. 안방에서 자는 아기들을 달래어 재운다. 가까이 있으면 내가 아들 며느리에게 조금이나마 힘이 되지 않을까? 내가 아기들을 돌봐 주는 만큼 그애들이 그만큼 편하게 쉴 수 있겠지 싶다.

아침을 먹고 11시가 넘어 양평동에 있는 며느리 외가에 갔다. 광풍이 고요해진 느낌이다.

뽀로로에게 흠뻑 빠져있는 세쌍둥이

2010. 11. 11 (15개월)

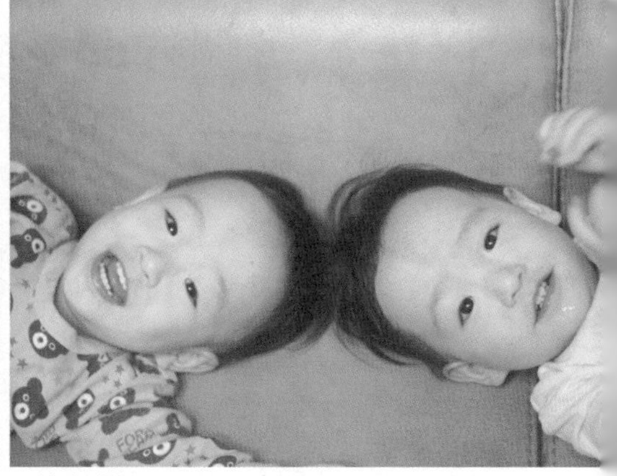

기웅과 기헌

기웅이를 예뻐하는 기윤

세쌍둥이 기헌, 기환, 기웅의 첫돌

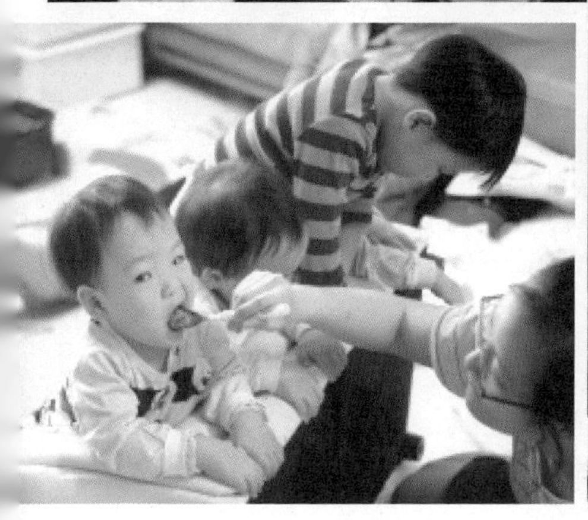

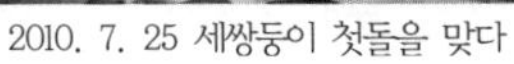

2010. 7. 25 세쌍둥이 첫돌을 맞다

세쌍둥이의 첫돌

♣ 2010년 7월 25일 일요일 맑음

세월은 유수와 같다. 어느덧 세쌍둥이 돌이다. 오늘은 온종일 대퇴부 골절로 입원중이신 어머니를 간병인에게 부탁하고 우리 부부와 여동생과 함께 청주로 출발했다.

8시에 출발을 했는데 차가 밀리지 않아서 10시가 조금 넘어서 아들네 집에 도착했다.

고모님 내외, 사촌형제 자매 부부들과 시누이, 우리 4남매와 며느리 친구 3쌍, 아기들을 보아주는 두 분 아주머니들이 모여서 기쁜 마음으로 세쌍둥이를 마음껏 축하를 해주었다. 사진을 찍는데 돌옷을 입은 아기들이 얼마나 앙증맞고 예쁜지 모두들 웃음꽃이 피었다. 아기들이 잘 웃어주어 식구들이 번갈아 안아주었다. 무럭무럭 잘 자라라고 마음속으로 간절히 기도하였다. 아기들이 마패와 붓과 연적을 집었다. 평생 배우는 자세로 성실하게 제 몫을 다했으면 좋겠다.

아들 부부, 주말부부가 되다

♣ 2010년 7월 27일 화요일 맑음

진우가 삼성물산으로 자리를 옮겼다. 청주에서 출퇴근하기가 어려워 우리 집에서 회사를 다니기로 했다. 어머니 간병 때문에 아침밥을 챙겨주지 못하는 어미 마음이 짠하다. 아들네는 이제 주말부부가 되었다. 집이 나가야 서울로 이사를 할 텐데, 불편한대로 서로가 최선을 다해야 할 것 같다.

지금이 내 인생에 있어 또 하나의 중요한 고비다. 어머니와 한 병실을 쓰는 환우의 따님이 나보고 말씨가 참 예쁘다고 한다. 맘씨와 생각이 말씨까지 순화시키는 것인가.

♣ 2010년 7월 31일 토요일 맑음

여동생이 어머니의 병간호를 교대해 주어 모처럼 집에 올 수 있었다. 일주일 만에 집에 있으니 남편이 반기며 사람 사는 느낌이 든단다. 집에서 편히 잠을 자면서도 남편 옆이 아닌 꼭 병실 어머니 발밑에서 자는 느낌이다.

청주에서 아기들이 왕할머니 문병을 왔다. 병실에서 많은 사람들이 세쌍둥이에 놀라면서 아기들이 참 예쁘다고 한다. 공연히 듣기 좋으라고 하는 말은 아닐까 하고 잠시 생각했다. 며느리가 양갱과 모나카를 사다가 할머니께 드렸다. 모두가 어렵지만 공부하는 자세로 살자.

♣ 2010년 8월 6일 금요일 맑음

진우네가 10월 10일에 서울에다 이사 올 집을 계약했다. 모든 것이 원만하고 순조롭게 진행이 되어 마음이 놓인다. 드디어 가까이 두고 보게 된다니 벌써부터 마음이 흘가분하다. 아무 때나 아들네 집을 자유롭게 드나들 수 있다는 게 얼마나 좋은지.

♣ 2010년 8월 11일 수요일 맑음

며느리가 아파트 전세계약을 하러 왔다가 계약을 못했다고 한다. 며느리는 어머니가 좋아하는 장어를 사왔는데 비싼 돈을 주고 할머니를 위하여 사온 성의가 고마웠다. 그러면서 봉급도 오르고 했으니 잠시 못 드린 용돈을 다시 드리겠단다. 그러는 며느리의 마음씀이 얼마나 고마운지 잠까지 안 왔다.

남편과 내가 진우네 아파트 계약하고는 아들네가 살게 될 집구경을 하였다. 우리 곁에 살면 마음이라도 든든하고 좋은 거지 뭐.

어머니를 간병하면서 오늘은 어머니와 긴 이야기를 나누었다. 언제 모녀가 깊은 얘기를 해 봤던가. 지금이 참 소중한 시간인 것 같다.

올여름 나는 인생을 다시 생각해 보는 귀한 시간들을 보내고 있다.

♣ 2010년 8월 24일 화요일 비

어머니의 병간호 때문에 한동안 아이들에게는 신경을 쓰지 못했다. 문득 며느리가 얼마나 힘들까 싶어서 전화를 걸었다. 아이들이 적응을 잘하고 밤에는 교대로 도우미아주머니와 돌본다고 한다. 한 아기도 힘든데 세쌍둥이를 키우려니 얼마나 힘들까. 아들 내외는 눈물겹게 제 자식들을 잘 키워내고 있다. 어려운 가운데 모든 일이 이루어지는 것이려니 하고 열심히 살아야지.

아들이 "저희들은 참 궁핍하게 산다."고 했다. 자식이 넷이나 되니 기초 생활비가 얼마나 들겠는가. 세쌍둥이가 제 아버지가 서울에 오려고 준비를 하면 '아바바바' 하면서 울어댄단다. 미숙아로 태어나서 갓 돌을 넘긴 아기들이 아빠를 어찌 알아보고 그렇게 매달려 울까. 기특한지고.

♣ 2010년 9월 12일 일요일 비

진우가 전화를 했는데 집중하지 않으면 무슨 말인지 들리지 않는다. 아기들이 전화기를 입으로 빨아대서 그렇다고 한다. 이제 아기들은 뭐든 손에 잡히는 건 입으로 집어넣는단다. 인간에게 먹는 일이 그토록 중요한가 생각되었다.

♣ 2010년 9월 21일 화요일 비

비가 너무나 세차게 퍼붓는다. 추석을 앞두고 연일 쏟아지는 비는

불안감을 준다. 추석날 비가 오면 다음해에 흉년이 든다는 속설이 아니더라도 가을비는 달갑지 않은 손님이다. 아들네가 12시쯤에야 도착했다. 집에 도착하자마자 아기들이 울기 시작했다. 하나가 울면 모두 따라서 울고, 서로 바라보면서 우는 모습이 귀엽기는 한데 정신이 없다.

기헌이는 우유를 타서 뉘어놓고 입속에 넣어주면 잘 먹는 폼이 여간 의젓하지 않다. 그리고 하루 종일 웃는다. 기환이가 제일 예민해서 전화벨 소리에 깜짝 놀라 울면 기웅이까지 따라서 운다. 어쩌다 한번 보아도 이렇게 정신이 없는데, 저희 부모는 얼마나 힘들까 싶다.

♣ 2010년 9월 22일 수요일 흐림

이번 추석을 멋지게 보냈다. 엉덩이가 아파서 도저히 점심까지는 차릴 수가 없어서 '북서울 꿈의 숲' 중식당 메이린에 예약하고 두 시동생들네와 조카들까지 온 식구가 함께 갔다. 아프지만 않으면 참 좋겠는데, 엉덩이가 아프면 꼼짝할 수가 없다. '북서울 꿈의 숲'이 개장하고 함께 가기는 처음이다. 사람들이 얼마나 많은지, 그래도 식구끼리 잊지 못할 추억 하나를 만들고 보니 기분이 참 좋았다.

모두 잘 먹었다고 인사를 한다. 군대에 가 있는 조카 신우와 호주에 있는 내 딸 연서가 빠져서 섭섭했다. 친정어머니께 동서 승우 엄마가 용돈을 드려서 고마웠다. 어머니의 기쁨은 말할 것도 없었다. 나의 혈육에게 잘해주면 나에게 해주는 것보다 더 고마운 것이 사람의 마음이 아닐까.

예린네에서 남편을 위하여 장뇌삼을 사왔다. 동서들이 시아주버니를 생각해주니 고맙다. 진우네가 밤 10시 30분에 잘 도착했다고 전화가 와서 마음이 놓였다.

♣ 2010년 10월 2일 토요일 비

'한국편지가족'에서 어제 외도에 갔다가 오늘 오는 날이다. 나는 엄마가 걱정되어 가지 못해 안타까웠다. 그래도 오늘 '글빛나래' 야외수업을 강원도 윤금옥 씨 집에서 하기로 했다. 가야할 곳이 왜 그리도 많은지. 시간은 없고 할 일도 많은데 안타깝다. 지금이 내 인생의 황금기인데, 내 맘대로 다닐 수 없는 점이 아쉽다.

부모도 중요하고 자식도 중요하다. 하지만 한 번 뿐인 인생이다. 이제 노년에 접어든 내 인생도 생각한다. 어머니가 입원한 100여 일을 병원에서 간병하며 지내면서 내가 겪은 마음고생을 그 누가 알랴. 어머니의 끊임없는 투정과 억지, 견디고 있는 내 자신이 가엾을 때가 많았다. 오늘의 세대들이 내가 감당하는 만큼 부모에게 하리라고는 아예 생각도 말아야 할 것이다.

노인이 되어서는 감사와 베푸는 삶을 살아야 하는데 좀 잘되었다 싶은 일은 모두 자기 공으로 돌리고, 함께 늙어가는 자식에게 끊임없이 잔소리, 당신 말 안 들으면 모든 액운이 온다는 터무니없는 말씀, 가진 것도 별로 없으면서 자식의 돈으로 하고 싶은 일을 해야 직성이 풀리는 어머니와의 전쟁은 언제쯤이나 끝이 날까 싶다.

당신의 치부는 꼭꼭 숨기면서 딸인 내 아픈 곳을 사위에게 모두 말하는, 적 아닌 적인 나의 친정어머니, 그런 어머니의 간병을 하기 위하여 새벽 2시 반에 일어나 식사와 집안정리를 해야 한다. 나의 고행의 끝은 어디인가. 감사가 없는 삶은 불행한 것, 스스로 불행을 자초하는 그분의 낭비적인 삶과 그러면서도 지나친 삶에 대한 애착에 연민의 마음을 얹어 보낸다.

특별한 만남, 소중한 인연

남들이 퇴근할 무렵에 나는 가까이 사는 큰아들네 집으로 출근을 한다. 어린이 집에서 아기들이 집에 돌아온 뒤 아들이 퇴근할 때까지 손자 넷과 씨름할 며느리의 일손을 덜어주기 위해서이다.

오늘은 아들이 집에서 세쌍둥이 머리를 깎아 주었단다. 태어나서 한번쯤은 머리를 밀어 주어야 모발이 굵고 튼실하다는 제 아버지 뜻에 따른 것이지만 정작 아들의 생각에 반(反)하는 일이다. 깎은 머리통이 밤톨 같다는 며느리의 말을 듣자 손자들이 눈앞에 아른거려 더는 지체할 수가 없었다.

어머니와 작은아들이 식사하는 걸 지켜보다가 휑하고 나와 버렸다. 뛰어 가다가 하마터면 넘어질 뻔 했다. 아차 하는 순간 '제발 서둘지 말라'는 남편의 말이 떠올라 주춤한다. 마음이 얼마나 바빴는지 등줄기에 땀이 흥건하다.

아파트인데도 문도 잠그지 않고 사는 아들네 집에 도착하였다. 며느리가 경쾌한 목소리로 "할머니~" 하면 다음 말은 들을 사이도 없이 아이들은 병아리처럼 쪼르르 달려와 하나씩 내 품에 안긴다.

반가운 만남이다. 세쌍둥이는 임신 7개월 때 조산아로 태어나 두 돌이 되어간다. 이제 남의 말은 잘 알아듣는데 아직 말이 더디다. 나를 보자 '어어'라면서 손짓으로 하루의 일을 보고하느라 바쁘다. 볼품 없어진 나를 환대하고 달려와 품에 안기는 귀여운 손자들이다.

그 애들은 서로 보면서 따라 하기 대장들이다. 저희들끼리 각자 놀이를 하면서도 제 형제가 하는 일에 촉각을 곤두세우고 주시한다. 그러다가 다른 애가 가지고 노는 장난감이 좋아 보이면 쫓아가서 빼앗는다. 잠깐의 토닥거림 끝에 빼앗긴 놈은 울면서 도움을 청한다. 그럴 때 제 어미가 "남의 것을 빼앗지 않아요" 하고 말하는 순간 싸움판은 진정된다. 그들 세계는 먼저 가진 사람에게 우선권이 주어지는 정연한 질서가 있다. 어렸을 적부터 순리를 가르치기에 기다릴 줄도 알고, 질서를 지키며 사는 평화로움이 이 집에는 있다. 자신의 이익을 위해서라면 신의쯤 쉽게 저버리는 우리네 정치판도 이랬으면 좋겠다는 꿈에 잠시 젖어본다.

정작 세쌍둥이보다 높은 산은 큰손자다. 동생들을 사랑하고 잘 데리고 놀다가도 한 번씩 심통이 나면 제 부모가 아니면 달랠 장사가 없다. 저 혼자 온 가족의 사랑을 독차지하며 자란 아이의 마음속은 제 부모만으로 꽉 차 있어 감히 내가 들어갈 틈이 없다. 게다가 아들 내외에게 자식은 엄하게 키워야 한다고 주문하는 나를 좋아할 리가 없다.

제 부모의 타이름 덕분인지 요즘엔 많이 달라졌다. 동생들 사랑이 남다르다. 뭐니뭐니해도 형만한 아우가 없다는 말이 맞는 말인 것 같다. 자식은 많아야 형제끼리 우애도 돈독해지고 성격도 원만하게 형성되는 것이 아닐까 싶다. 물론 가정도 국가도 튼실하게 형성되는 것이기도 하다.

세쌍둥이는 가족들 중 좋아하는 사람이 각각 다르다. 첫째 기헌이는 할아버지를, 자아의식이 강한 둘째 기환이는 삼촌만 보면 엉덩이를 들이대고 앉거나, 넓은 품에 덥석 안긴다. 차남끼리 통하는 뭔가가 있나보다. 제 형들에게 힘으로 밀리는 막내 기웅이는 제 어미는 제 차지가 되기 어려운 것을 일찍 간파했는지 제 형제들이 싸움을 벌일 때 재빠르게 나에게로 와 안긴다. 나만 보면 눈웃음을 치며 좋아하니 아무래도 늦게 터진 복이다. 사람마다 저만의 생존방식이 있나보다. 아니면 태어날 때 약하게 태어났다고 안쓰러워하던 내 마음이 기웅이에게 전해진 것일까.

순산을 한데다가 심성이 고와 아이들에게 있는 정성을 다하는 며느리가 참 귀하다. 제 어미 앞자락에 옹기종기 모여 노는 모습은 영락없는 강아지 모습이다. 며느리도 제 새끼들이 위험에 처할까 늘 긴장 속에 산다.

일란성 세쌍둥이 사내아이들이어서 제 아범도 순간 생김새로는 헷갈릴 정도라는데 보이지 않는 성격은 제각각이다. 2~3분 간격으로 태어난 세 아이들이 어쩌면 그리 개성들이 강한지 모르겠다. 아무리 한 뱃속에서 함께 나왔어도 태어난 순서에 따라 성격이 달리 형성되는 것을 알게 된 것은 세쌍둥이를 보면서이다.

셋 중에 큰아이는 의젓하며 포용력이 세 살 위 제 형에 못지않게 양보심이 많다. 제 어미가 동생들 돌보느라 손이 모자라면 손이 빌 때까지 기다린다. 더불어 살 줄 아니 참으로 기특하다. 우직하고 듬직해서 셋 중에 가장 남아다운 면모를 보인다. 뚝심도 있고 중도를 지키는 성품이라 법조인이나 공무원이면 무난할 것 같다. 그러면서도 제 어미는 언제나 제가 차지하지 않으면 직성이 풀리지 않는다.

3분 뒤에 태어난 기환이는 둘째답게 독립적이어서 혼자서 장난감을 이리저리 살피고 연구하면서 가지고 논다. 옆에서 누가 참견하는 것도 싫어하고 반갑고 좋으면 소리도 없이 '씨익' 하고 웃으면 그만이다. 출생 후 제일 먼저 퇴원했고, 성격 또한 깔끔해서 물을 엎지르거나 주위가 좀 지저분하면 재빠르게 걸레를 들고 열심히 닦는다. 그 모습이 하도 진지해서 절로 웃음이 나온다. 제 아비는 그애가 까칠하다고 하지만 탐구력과 호기심이 제 아범을 쏙 빼닮았다. 모든 게 제자리에 있어야 하는 점은 제 할아버지를 닮았고, 마음 또한 따뜻하다. 한 번은 잠자는 제 형 입에 먹던 과자를 넣어주면서 먹으라고 해서 한참 웃었다. 제 아비처럼 연구원이 될 소지가 다분하다.

다시 2분 뒤에 태어난 막내 기웅이는 보고만 있어도 꼭 깨물어 주고 싶을 정도로 예쁜 짓을 한다. 태어날 때 제일 오랫동안 인큐베이터 안에서 나의 애를 태웠는데 지금은 욕심도 있고, 활발해서 마음이 놓인다. 양보를 얼마나 잘하는지 집안의 윤활유 같은 존재다. 다른 형제들은 맏형 장난감 근처에 얼씬도 못할 때 장난감을 함께 가지고 놀고 맏형과 장난도 친다. 다른 형제들에게는 무서운 큰형도 막내동생에게는 한없이 양보하고 아껴주니 신통하다. 친구들과 쉽게 친해지고 새로운 환경에 적응도 잘해서 어린이 집에서도 인기가 많다. 예술가나 언론계통으로 나가면 그의 재능을 발휘할 것 같다. 다른 사람의 아픔을 잘 헤아려주고 살필 줄 아니 사랑을 아니 받을 수가 없을 것 같다.

손자들을 보면서 하루하루 꿈을 키우며 사는 마음은 행복하다. 이다음 어떤 재목으로 자신과 사회를 위하여 꿈을 펼칠까 상상만으로도 기쁘고 행복하다.

제 아범은 거창한 꿈 대신 제자리에서 정직하게 제 할 일 하면서 형제끼리 우애 있게 살았으면 좋겠다는 소박한 꿈을 꾼다. 승부욕이 강해서 꿈을 향해 전력투구하다가 세쌍둥이가 태어나자 제 꿈을 아기들의 좋은 아빠가 되는 것으로 바꾼 아들이다. 어미로서 그런 아들이 믿음도 가고 마음도 놓이지만 한편으로는 피어오르는 제 꿈을 접은 아들을 바라보면 마음 아픈 구석도 있다. 종손으로 집안의 기대와 사랑을 한 몸에 받고 자라서 제 맘껏 꿈을 펼칠려나 기대한 아들이 많은 자식 키우고 돌보는 일로 바꿨으니 한편 아쉽기도 하다. 이래서 세상 일은 마음대로 되지 않는가 보다. 그래도 아들 내외가 온 정성을 다해 제 자식들을 돌보는 모습은 세상 무엇과도 바꿀 수 없는 보배로운 모습이다.

오늘도 아기들을 데리고 놀이터에 나갔더니 사진을 찍어 주는 아저씨도 있고, 우리 아기들을 자기 아이처럼 귀하게 보살펴 주는 이웃들도 만나게 된다. 제 집에선 가장 귀한 대접을 받으며 자랐을 외동이 아이도 우리 아기들을 헌신적으로 돌보아 주는 모습은 눈물겹기까지 하다. 가는 곳마다 신기하다고 주목받는 게 어떤 때는 민망한 때도 있지만, 아껴주고 관심을 가져주는 분들이 고맙다. 따뜻한 세상이 참 살만한 곳이라고 느낀 것은 세쌍둥이 손자들로 하여 얻은 귀한 경험이다.

확률적으로도 네쌍둥이보다 희귀하다는 세쌍둥이와의 특별한 만남, 이 소중한 인연이 꿈만 같다. 이 아이들이 커 가는 동안 어려움 또한 왜 없으랴만 언제나 웃음과 행복의 한 가운데에 있는 아이들과 함께 하는 한 나도 행복한 노년을 보내고 있는 것이 아닐까.

청주 집에서의 개구쟁이들(2010. 9.)

서울로 이사하는 세쌍둥이네

♣ 2010년 10월 9일 토요일 맑음

쾌청하다. 기윤네가 이사를 온다. 50평이 넘는 빌라에서 살다가 31평 아파트에서 살게 되었으니 얼마나 협소할까. 그러나 사람은 환경의 지배를 받는 것, 살다보면 적응이 되겠지.

오늘은 우선 큰손자 기윤이만 데리고 오고 세쌍둥이 아기들은 청주 두 집에 나누어 맡겨 놓고 내일 데려 온다고 한다.

오늘 기윤이는 신났다. 그동안 동생들에게 자리를 뺏기고 소외감을 느꼈는데 오늘만은 모든 이의 관심을 받게 되니…. 그래도 동생 셋이 보물 1호라고 잘도 말한다. 제 엄마가 가르쳐 주었겠지. 똘똘이 기헌이를 제일 예뻐한다고 한다.

오늘은 어머니가 쾌히 동문에서 갈비를 사셨다. 어머니와 아이들과 맛있게 먹으니 행복하다. 진우가 “엄마는 왜 고기를 안 드시냐? 엄마도 많이 드시라.”고 한다. ‘부모는 자식들 먹는 입만 보아도 배가 부른 걸 너도 알면서 왜 그러느냐?’고 속으로 말한다.

아들은 저녁을 먹은 후 부여와 공주에 다녀 온 남편을 잠시 만나고 새로 이사 온 제 집으로 돌아갔다. 내일 아이들을 데리러 간다고 한다.

♣ 2010년 10월 12일 화요일 맑음

아침에 기윤이를 유치원 차 태워주는 곳에 갔는데 휴대전화를 갖고 나가지 않아서 낭패를 보았다. 나이를 먹으면 잊어버리는 것이 많아서 답답하다.

기환이를 우리 집에 데리고 왔더니 이제까지 보채고 울던 아기가 잘도 놀았다. 할아버지를 많이 좋아한다.

♣ 2010년 10월 13일 수요일 맑음

무조건 마음 가는 대로 할 것이 아니라 숨고르기를 해야 할 것 같다. 자식이라도 너무 가깝게 할 일이 아니라는 생각이다.

내가 날마다 아들네 집에 들를 게 아니라 아기들 중 하나씩 집에 데려와서 봐주는 게 어떨까. 하나라도 덜어주는 편이 낫지 않을까 싶다.

아들네 생활비가 더 들어 갈까 봐 안달해서도 안 될 일, 어차피 들어야 할 만큼은 들어갈 일 아니던가. 모든 관계에는 적당한 간격이 있어야 한다는 생각이다.

며느리에게 왜 밥을 안 먹느냐고 물을 일도 아니다. 내가 남의 일에 참견하는 건 좋아하지 않지만, 자식이니까 자꾸 신경이 쓰인다. 절제가 안 되는 근심 걱정은 보는 횟수나 보는 시간을 줄이면 따라서 줄어드는 것이 아닐까. 과잉친절은 안 하니만 못하다고 남편은 충고한다.

사람의 생존법을 기웅이로부터 배운다. 형제들은 많은데 힘이 달려 엄마는 제 차지가 안 될 것이니, 제 아버지나 나를 제 엄마 대신 친근하게 대한다. 기헌이가 제 엄마를 독차지한다.

♣ 2010년 10월 17일 일요일 맑음

어제 저녁 아들네 집에서 저녁식사를 하신 어머니로부터 들은 이야기다. 주말에만 집에서 밥을 먹는 아들이 김치가 없다고 했단다. 아침에 배추김치와 청무김치 그리고 간장게장을 싸가지고 부랴부랴 아들네 집으로 갔다.

아들 며느리가 나를 반가워하리라는 착각을 한다. 가다가 아기들이 좋아할 만한 나무 장난감을 얻어서 갔다. 아기들은 내가 목욕탕에서 뜨거운 물로 닦아준 장난감을 신나게 갖고 놀았다. 두어 시간 놀다가 어머니의 호출을 받고 집으로 왔다.

점심을 먹고 있노라니 다시 며느리의 전화를 받았다. 천변에 기윤이 자전거를 태워주고 아기들 바람도 쏘여주고 싶은데 올 수 없냐는 거였다. 나는 밥을 먹는 둥 마는 둥 달려갔다. 어제 시제에 간 남편은 연신 자신의 이동경로를 문자로 보내주었다.

무슨 바람이 불었을까? 나가면 무심한 남편이 열심히 문자를 보낸 적이 없는데…. 유모차 3대를 가지고 나가다가 기환이가 하도 울어서 기환이는 제 엄마 등에 업혔다. 아기들은 좋아하는데 기윤이가 집에 가고 싶다고 해서 1시간 20분 만에 집으로 왔다.

그런데 이번에는 기윤이가 '북서울 꿈의 숲'에 가자고 하더니 아파트를 벗어나지 못하고 다리가 아프니 아파트 놀이터에서 놀다 가잖다. 1시간쯤 놀았는데 또 싫증이 났는지 집에 가잖다. 하루가 완전히 어머니와 아기들을 위한 봉사로 가버렸다.

사무실에 나갔던 진우가 우리 집에 들러서 물건을 가져가고 저희 집에서 쓰지 않는 물건을 지하실에 가져다 놓았다. 그리고선 저희 집에서 저녁을 먹어야 한다며 가버렸다. 내 자식이면서도 나와 함께할 수 없는 처지의 아들의 또 다른 가정의 소중함이 인식된다.

♣ 2010년 10월 26일 화요일 맑음

며느리가 아기들이 아프니 좀 와 주셨으면 좋겠다고 한다. 가서 보니 며느리가 아프다. 손목을 움직이질 못했다. 몸을 그렇게 아끼지 않고 써대니 쇠라도 닳지 않았을까. 저녁 모임이 있어 6시에 분리수거를 해주고 돌아왔다.

♣ 2010년 10월 29일 금요일 맑음

남편이 저녁식사를 하고 온다고 했다. 저녁에 집에서 어머니와 함께 저녁을 먹으면 편하련만 며느리 혼자서 네 아이들과 씨름할 생각을 하면 그럴 수도 없다.

아침에 남편 출근시키고 멸치볶음과 감자볶음, 미역국을 만들어 나누어 먹을 생각에 나는 바쁘게 움직였다.

아들네 집에 들어서니 아기들은 물건을 서로 뺏기지 않으려고 울고불고 난리가 났다. 치열한 인간의 생존경쟁의 현장을 목격하는 듯, 벌써부터 머리가 아파온다. 기윤이는 제 장난감을 아기들이 장난을 치니 짜증이 나나보다. 할미인 나보고 저를 쳐다보지도 말라고 하니 제 부모가 얼마나 민망할까싶다.

어머니까지 모시고 가서 저녁밥을 먹으려니 며느리에게 미안했다. 그래서 나는 며느리에게 네가 좋아하는 줄 알고 시간만 나면 달려오게 된다고 말했다. 이상하게 아기들은 우리만 가면 잘 따르고 좋아한다. 내가 저희들 혈육인 걸 어떻게 알고 좋아하는 걸까.

오늘은 아기들이 많이 보챘다. 제 아빠가 오니 집안이 발칵 뒤집혔다. 큰놈은 제 아빠가 일찍 와서 좋다고 아우성, 작은 놈들은 제 아빠 팔에 매달려서 안아달라고 난리들이다. 진우가 날보고 많이 피곤해 보인다고 한다. 자식이라 제 엄마 피곤한 걸 바로 알아내는구나 하고 기특하다.

아들아, 나 요즘 정말 피곤하단다.

큰손자 기윤이

♣ 2010년 11월 2일 화요일 맑음

매실 장아찌와 김부각을 사가지고 다섯 시에 진우네 집에 갔다. 며느리가 환한 얼굴로 맞이해 준다. 기윤이가 잘못한 점을 지적해 주니 아니라고 한다. 제 어미가 듣고 할머니 말씀이 맞다고 말해 준다. 이대로 큰다면 다 큰 다음에 나를 어떻게 생각할지가 궁금하고 걱정도 된다.

수원 우체국 영업과장 김순복 씨에게 두 아들이 주는 용돈으로 보험을 들었다. 내가 언제까지 살아있을지 몰라도 나는 아들 둘에게 공평하게 나누어 주고 싶다. 그것이 엄마 마음인 걸 그들은 알까.

우리 부부는 손자들과 놀아주고는 집으로 왔다. 바람이 몹시 불어서 싫었지만 그래도 손자들과 놀고 온 기쁨은 컸다. 얼마나 역동적으로 신나게 노는지 모르겠다. 집에 오는 길에 진우네 집이 루첸아파트였으면 좋겠다고 남편이 말했다. 현실을 직시해야지. 없는 돈에 그것도 간신히 얻은 것인데 남편은 아무 것도 모르면서 하는 말이다.

♣ 2010년 11월 4일 목요일 맑음

오늘도 나는 진우네 집으로 허겁지겁 달려간다. 선우가 아기들이 보고 싶다고 함께 와서는 아기들과 놀아준다. 기윤 아빠가 저녁 9시쯤 퇴근했는데 기윤이가 제 아빠에게 큰 놀이터에 가자고 졸라서 함께 나왔다. 제 어미가 "아빠 힘드시니 딱 30분만 놀고 들어오라."고 했다. 흔들리는 나무길 건너기, 굽은 미끄럼타기 등을 돌면서도 기윤이는 엄마와 약속시간이 언제 끝나는지 계속 물었다. 교육이 철저히 되어서 다행스러웠다.

집으로 돌아오는 길에 선우가 형네가 가까이 이사 와서 좋다고 말한다. 모여 사는 식구들과의 생활이 좋은가보다. 앞으로 결혼하면 어떻게 바뀔지 모르지만 지금으로 봐선 선우도 멀지 않은 곳에 살 것 같은 예감이 든다.

♣ 2010년 11월 5일 금요일 맑음

어제 며느리 큰어머니께서 병원 진료차 오셨다가 오늘 들르신다고 한다. 식사 한 끼라도 대접해 드려야 할 것 같아서 아구찜을 사가지고 가서 차려내 놓으니 푸짐해서 좋다.

사돈 큰어머니와 서로 아프지 말자고 다짐을 했다. 며느리를 키워주었던 언니가 아기들을 맡아 키워주었으면 좋겠다고 넌지시 여쭈니 그 사람도 지금 다리가 아파서 수술을 받았다고 한다.

기윤이의 유치원 선생님과 면담을 하고 온 며느리가 선생님이 기윤이가 아주 활발하고 자신감이 넘친다고 하시더란다. 많은 동생들과 환경이 바뀌어서 활발해졌다니 반갑다.

♣ 2010년 11월 7일 일요일 맑음

성묘를 가야 하는데 선우는 시간이 없어 못 가고 진우와 기윤이 그리고 남편 셋이서 다녀왔다. 나는 집에서 아기를 보았다. 며느리가 나와 어머니가 아기들을 보는 동안 낮에 한 시간 반이나 잤다며 좋아했다. 정말 아기들이 한도 없이 예쁜데, 돌보자면 힘이 아주 많이 든다.

며느리가 기윤이만 집에 없으면 아기들을 볼만하단다. 그런데 아기들이 기윤이를 쫓아다니며 방해하는 바람에 성질을 부리고 아기들을 밀쳐서 문제가 일어나곤 한단다.

진우네 집에서 저녁을 먹고 남편은 일찍 집으로 갔다. 어머니를 모시고 가라고 하니 싫다는데 얄미웠다. 제 부모들이 이마트에 간 사이 세쌍둥이는 우리 무릎에서 잠을 잤다. 왕할머니와 내가 좋아서였을까. 그런데 12시간 아기를 보는 일은 너무 힘들었다.

큰손자 기윤이

늘 지쳐 있는 며느리

♣ 2010년 11월 11일 목요일 비

저녁때부터 비가 온다. 기윤네 집으로 가는 중인데 며느리로부터 전화가 오다가 끊겼다. 비오는 데 오시지 말라고 한 전화였단다. 저녁 9시까지 아기들을 업고 안으며 힘이 들었는데 내가 안 갔으면 며느리 혼자 얼마나 힘들었을까 싶다.

비를 맞고 올 시어머니가 안 되어서 그랬겠지만 바짝 마른 얼굴에 피곤이 묻어나는 며느리를 생각하면 어쩔 수 없이 발걸음이 아들네로 향하곤 한다.

네 아이들은 쉴 새 없이 달라붙는데, 기헌이는 뒤로 넘어져서 많이 다쳤다. 아들도 며느리가 고맙단다. 아기들을 데리고 쉴 새 없이 움직였더니 팔이 많이 아팠을 것이다. 기환이는 포대기로 업어주는 걸 아주 좋아한다.

♣ 2010년 11월 14일 일요일 맑음

오후 2시가 넘어 며느리로부터 전화가 왔다. 칼국수를 해 놨으니 오시라고 한다. 갈라진 내 목소리에 피곤하신 것 같단다. 그렇지 않아도 가야할지 말아야 할지 몰라서 망설이고 있다고 하니 마음이 동하면 오시란다.

쌍둥이지만 아기들은 좋아하는 사람이 다 다르다. 기헌이는 제 할아버지를 좋아하고, 기환이는 제 삼촌을 너무 좋아한다. 기웅이는 나만 보면 팔을 벌리니 식구들 모두 필요한 존재들이다. 한 사람이 여럿을 데리고 가려면 힘들 터인데 각자 좋아하는 사람이 다르니 모두 자기를 좋아하는 손자나 조카를 그리며 마음 편하게 갈 것이다. 기윤이는 삼촌이 자기 생일선물 사준다고 했다고 길길이 뛰며 반겼다. 아이들과 놀아주면서 우리 가족은 화합의 한마당이 된다.

♣ 2010년 11월 16일 화요일 맑음

외출하고 돌아오니 어머니는 벌써 진우네 집에 가 계셨다. 오늘은 남편이 모처럼 일찍 퇴근을 해서 손자들을 보러 간다고 한다. 기웅이는 나를 기차게 알아본다. 그리고 나만 보면 팔을 벌리고 안아달란다. 아기들이 누워 있는 내 배 위로 마구 올라와 건너다닌다. 그러면서도 제 형 배 위에는 올라가지 않는다. 형이 매몰차게 동생들을 밀치고 때리니 유일하게 형은 피한다.

진우가 식구들이 다 모이니 좋다고 말한다. 어머니는 항상 나를 긴장시킨다. 왜 좋은 신발만 고집하시는지. 값이 비싸지 않아도 편한 신발이 얼마나 많은데, 가진 건 없으면서 좋은 것만 원하신다. 어른들은 비단 옷을 입어야 몸이 따뜻하고, 고기 반찬을 드셔야 배가 부르다는 옛 어른의 말씀이 생각난다.

♣ 2010년 11월 17일 수요일 맑음

날씨가 쌀쌀하다. 기윤이가 할머니표 깍두기를 좋아해서 동치미무 두 단을 사다가 깍두기를 담갔다. 우리 집보다 더 많이 담아서 아들네로 보냈다.

연서로부터 전화가 왔기에 투정을 좀 부렸다. 제 몸만 호주로 간 것이 아니라 내가 지어 준 이름까지 홀딱 벗어놓고 간 것이 야속하고 괘씸하다고 말하니 홀가분하게 생각하란다. 연서와 통화할 때 이야기의 반은 손자들의 이야기다.

오후만 되면 나는 늘 아들네 집에 갈 일로 조바심이 난다. 어머니에게 오늘은 혼자서 저녁 진지를 잡수시라고 하니 싫단다. 아무래도 진우네 집에 가서 잡숫고 싶으신가보다. 나 혼자 밥 먹고 어머니보고 먼저 가시라고 보냈다. 또 한편 남편을 기다리느라 신경이 곤두섰다. 좀 빨리 와 줬으면 좋으련만 내가 현관을 나서는 여섯 시에 대문 여는 소리가 들렸다.

퇴근길에 집에 오다가 친구를 만나 막걸리 한잔을 걸쳤다며 밥은 조금만 먹겠단다. 어떤 사람은 불규칙해서 미움을 받는다는데 남편은 자기 식대로 너무 정확해서 나의 미움을 받는다. 결코 나의 뜻대로 움직여주지 않는다.

늦게 아들네 집에 들어섰다. 하루 종일 혼자서 아이들과 시달린 며느리는 심신이 지쳐 있었다. 그토록 심하게 기헌이 엉덩이를 때리는 며느리의 모습은 처음 보았다. 하루 종일 아이들과 시달리는 삶이 얼마나 힘들까? 마음 한편으로 내가 늦게 와서 아기들을 봐주지 않아서 야속해서 그러나 싶기도 하다.

♣ 2010년 11월 21일 일요일 맑음

어제 백팔산사 다녀온 것이 무리였나 보다. 아침에 일어나니 오른쪽 갈비뼈가 무지 쑤시고 아프다.

어제 아들네 집에 들르지 못하고 며느리 혼자서 아이들과 씨름했을 생각을 하니 신경이 쓰이고 궁금하여 그냥 있을 수가 없다. 전화로 점심을 먹고 들르겠다고 하니 아들이 아이들 잘 노니 안 오셔도 된다고 한다.

말이라는 것이 '아' 다르고 '어' 다르다고, 어머니가 피곤하실 테니 안 와도 된다고 했으면 모를까 아이들이 잘 노니 안 와도 된다는 아들의 말에 순간 한 대 얻어맞은 느낌이었다.

서운한 마음을 접고 아들 입장에서 생각해 보기로 했다. 내 목소리에 피곤이 묻어나니 그리 말했을 거라 여기기로 정리했다.

얼마 후 며느리가 전화를 했다. '북서울 꿈의 숲'에 가니 그리로 오시겠냐는 전화였다. 몇 시쯤 집에 갈 거냐고 물으니 3시쯤이란다. 점심 밥상을 받아 놓았으니 당장에 갈 수도 없다. 우리 집에 와서 점심을 먹고 가자니까 우유병도 챙겨야 하고 수속이 복잡하단다. "너희들끼리 놀다 와라. 집에 돌아올 때쯤 내가 가마." 했다.

막상 그렇게 말해 놓고도 마음이 놓이지 않는다. 어머니를 모시고 북서울 꿈의 숲으로 달려가고 남편은 남편대로 따로 오기로 했다.

그리고 아들네 집으로 다시 모여서 온가족이 흥겹게 보냈다.

주말에는 될 수 있으면 아이들과 함께 지내자고 생각한다. 어차피 낮에는 내 시간이 없다. 책 읽고 작품 좀 쓰자면…. 주말에는 아이들을 돌보며 저녁식사까지 해야겠다고 생각을 정리해본다. 아들과 며느리도 조금 더 편해지고 아이들과도 정이 더 돈독해지지 않겠는가. 아기들이 저희들 보아주는 아주머니가 집에 오면 "어부바 어부바" 하면서 등 뒤로 간다고 한다. 참 신기한 일이다.

아이구, 엄마는 괴로워! 세쌍둥이의 엄마 밟고 올라가기

♣ 2010년 11월 24일 수요일 맑음

이북에서 연평도에 무차별 사격을 가해 아까운 해병 2명이 전사하고 2명이 중상을 입었다. 주민들은 모두 대피소로 대피 시켰다고 한다. 혼비백산 가슴이 두근거렸다. 전사자들 가족의 참담한 슬픔이 어떨지 가슴이 메일 뿐이다.

나에게도 손자가 4명이다. 제발 아무 일이 없어야 하는데. 왜 그렇게 몹쓸 짓을 서슴없이 저질러놓고도 그들은 우리가 도발을 했다고 뒤집어씌울까. 막다른 골목에 다다른 쥐는 돌아서서 문다고 하는데 그래서일까. 아기들이 크면 훨씬 운신의 폭이 넓어지겠지.

내가 하루 종일 못 봐주는 것에 대한 후회를 말하면 친구들은 저녁

시간이라도 봐주는 게 어디냐고 위로해준다. 쌀쌀해진 날씨만큼이나 을씨년스럽다.

이제 기윤이가 내가 우리 집으로 돌아가려고 하면 아빠를 만나보고 가라고 붙잡는다. 기특하다. 어제에 이어 오늘도 같은 인사를 한다. 오늘은 약속이 있어 그냥 가야겠다고 하니 내일은 꼭 제 아빠를 만나고 가란다. 제가 아빠를 좋아하니 아빠의 엄마인 나도 제 아빠를 좋아할 거라고 짐작한 아이의 사려 깊음이 참 고맙다.

가족 여행(오대산 월정사)

친정어머니

♣ 2010년 11월 26일 금요일 맑음

아기들이 병원에 가야 한다고 해서 한문수업도 빠지고 기다리고 있는데, 10시 40분에야 왔다. 차를 타고 가면서 할아버지가 근무하는 학교 앞을 지나며 여기가 할아버지가 근무하시는 학교라고 말해 주었다.

병원에서 체중도 달고 키도 쟀다. 키는 기환이가 제일 크고 기웅이가 제일 작다. 모두 1m도 되지 않았다.

내 목이 잠겨 쉿소리가 나니 며느리가 걱정을 했다. 건강상태가 영 시원치가 않다. 점심시간이 꽤 지루하게 흘러가고 있다. 재활의학과에서는 기헌이 담당선생님이 휴가 중이어서 진료가 늦어지는 바람에 독촉을 하였다. 시력검사까지 마치고 나니 4시가 넘었다. 재활의학과는 6개월 후에, 그리고 안과는 1년 후에 오라고 했다. 그것만 해도 어디인가. 기윤이는 놀이방에서 계속 한 여자아이에게 치근덕거린다. 사내티를 여지없이 발휘한다. 얼굴이 예쁘장한 아이에게 방석도 던지고 귀찮게 한다. 기웅이 컨디션이 시원치 않다. 내가 이런데 제 부모는 얼마나 힘이 들까. 집에 와서 어머니와 둘이서 곶감을 다시 손질해 바람이 잘 통하는 곳에 놓았다. 나뭇잎은 쓸고 또 쓸어도 뜰안 가득하다. 진우는 매사에 엄마에게 관심이 많다. 선우는 표현이 없으니 잘 모르겠다.

♣ 2010년 12월 5일 일요일 맑음

아침밥을 먹고 있는데 며느리에게서 빨리 와 주실 수 없느냐는 전화가 왔다. 밥을 먹는 둥 마는 둥 달려가 보니 아이들이 네 시부터 일어나서 보챈단다.

다행인지 아기들이 나와 잘 논다. 진우를 편히 재우기 위해 하루 종일 아기들과 놀아주었다.

어느새 아이들 세계가 변해 있었다. 몸이 괴로운 기환이는 울음으로 의사표시를 한다. 기환이가 장난감을 가지고 놀고 있는데, 가만히 보고 있던 기웅이가 슬그머니 따라가서 장난감을 빼앗는다. 기환이가 우리를 보면서 고자질을 하듯 운다. 보통 때는 기환이가 독자적인 행동을 하는데 몸이 괴로우니 울기만 한다. 건강이 그만큼 중요하다. 기환이로부터 장난감을 빼앗은 기웅이는 어른들의 반응을 살피기 위하여 헛웃음을 치는 것으로 미안함을 무마한다. 아기들도 저마다 특성에 맞게 처세법을 터득한다. 하찮은 미물이라 해도 나름대로 삶의 방식이 있다지 않은가.

늦은 밤 차가운 공기를 가르며 집에 오는 길, 하루를 마무리하고 집에 오는 발걸음이 가볍다. 거실에 놓아둔 모과향이 집안 가득하다.

♣ 2010년 12월 6일 월요일 맑음

어머니가 아침부터 병원에 가자고 서두르신다. 이상구 박사의 말을 들어봐도 치료란 오직 마음을 치유하여 고친다는 것이 나의 생각과 일치하는데, 어머니의 생각은 다르다. 젊은 날부터 철저하게 병원에 의지하고도 장수하시니 어떤 것이 정답인지는 알 수 없으나 본인의 신념대로 사시는 것이니 노후에 복이 많은 어른이다.

세쌍둥이가 없었다면 어떻게 어머니가 마음 놓고 손자네 집에 가고 싶은 대로 드나들 수 있었겠는가. 손자며느리가 할머니의 섭생에 온갖 정성을 다하니 어머니의 안색이 날로 좋아지신다. 오늘도 병원에서 집으로 모시고 와서 잠깐 장위시장에 다녀오겠다고 하니 당신은 곧장 손자네 집으로 가시겠단다. 사시는 날까지 지금처럼 건강하시기를 발원한다.

♣ 2010년 12월 10일 금요일 눈

한문 수업을 끝내고 어머니 드리려고 고등어 한손을 사가지고 왔는데 그새를 못 참고 진우네 집으로 가셨다. 그런 어머니가 얼마나 야속하던지. 며느리가 아이들 넷에 두 끼를 노인식사 챙겨드리려면 얼마나 힘들까.

가시지 못하게 해도 자신이 불편을 느끼기 전까지는 어머니를 변하게 할 수 없다. 딸인 내가 어련히 진지를 차려 드릴까. 말도 없이 가실 게 무어람. 공연히 며느리에게 미안해서 전화를 걸었다.

사람의 관계란 서로 잘해야 하는데, 오늘도 아기들이 많이 보채서 정신이 하나도 없었단다. 아기들과 실랑이를 하다가 6시 30분까지 저녁을 못 챙겨드렸더니 또 우리 집으로 가신다고 했단다.

집에 오신 어머니의 저녁을 차려드리니 속이 편치 않아서 밥을 먹지 못하겠다고 하신다. 나하고 기분이 언짢으시면 절에 가는 게 주특기다. 오늘도 그랬다. 좀 이해하고 느긋하게 기다리실 일이지.

백팔산사 순례기도회로 삼화사에 가기 위해 저녁에 집을 나섰다. 서울역에 가서 정동진 가는 기차를 탔다. 캄캄한 밤의 어둠을 뚫고 기차는 북쪽으로 달렸다. 신영분 보살과 많은 이야기를 나눴다.

아들네는 늘 북적북적

♣ 2010년 12월 12일 일요일 맑음

저녁에 진우네 집에 온 식구가 모였다. 진우네 집은 북적북적 사람 사는 집 같다. 기윤이와 세쌍둥이들이 할아버지 곁에 옹기종기 모여서 즐거운 한때를 보냈다.

기웅이가 욕심이 많다. 제 장난감을 가지고 있으면서도 다른 형제들 것을 또 빼앗고, 마음에 들지 않으면 울고 하는 품이 욕심쟁이다. 뜻대로 안되면 도움을 청하면서 찡찡대고, 막내티를 유감없이 발휘한다. 덩달아 기윤이까지 갑자기 아기노릇을 하니 완전히 아기들 속에 둘러싸여 있다.

♣ 2010년 12월 13일 월요일 맑음

기윤네 집에 가니 아기들의 감기가 나았는지 잘들 놀았다. 진우도 8시쯤 왔는데, 아기아빠가 오니 온 집안에 활기가 넘쳤다. 우리 아들처럼 남편노릇 아빠노릇 잘하는 사람도 흔하지 않을 것 같다. 엄마인 며느리의 헌신적인 노력은 말할 것도 없고.

♣ 2010년 12월 24일 금요일 맑음

기윤에게 크리스마스 선물로 돈 10만원을 주면서 저금하라고 했다.

어지간한 선물은 성에 차지도 않을뿐더러 돈만 부서질 것 같아서다. 저금의 기쁨을 가르침으로 남기고 싶었다.

아들이 케이크를 사가지고 오니 집안은 축제 분위기다. 어린 것들이 그렇게 좋아할 수가 없다. 한 녀석이 일어나서 식구들이 환호해 주면 또 다른 녀석이 일어나고, 결국 모두 따라 일어서는 것을 보며 아직도 사랑을 갈망한다고 느꼈다.

기윤이가 제가 좋아하는 친구 미소가 금메달을 땄다며 저도 따고 싶다고 했다. 승부욕이 강해서 공부를 잘할 것 같아 안심이다. 며느리가 날씨가 추우니 주무시고 가라고 한다. 또 내일 점심은 혼자 드시지 말고 함께 먹자고 했다.

나야 함께 먹으면 더 바랄 게 무엇이랴. 살펴주는 며느리가 고맙기만 하다.

♣ 2010년 12월 25일 토요일 흐림

기윤네 집은 너무 더워서 하품이 자꾸 나온다. 서늘한 단독주택에 익숙해서 아파트 공기가 나에게는 맞지 않는다. 혹시 며느리가 속으로 '어머니는 왜 우리 집에만 오면 하품을 하면서 자꾸 누우려 하실까' 염려스럽다.

집에 오는 길에 모처럼 꿈의 숲으로 갔다. 그믐이라 달은 보이지 않고 별 하나만 반짝이며 떠 있다. 칼바람이 부는 산길이 무서웠다. 탁탁 나뭇가지 치는 소리 같기도 하고 나무가 탈 때 불똥이 튀는 소리 같기도 한데, 가까이 가서 보니 청년 둘이서 폭죽을 터뜨리는 소리였다. 눈썰매 타는 것도 구경하고, 수변무대, 청운답원을 지나며 조용하게 들리는 건 지나가는 바람소리다. 월영지와 애월정에 유유히

떠 노닐던 오리와 물고기 떼는 모두 어디로 가고 꽁꽁 언 얼음판뿐이다. 냇물이 졸졸 흐르던 이야기 정원을 지나니 대나무 숲으로 둘러싸인 창녕 위궁재사에도 우국충절의 혼이 서린 듯 찬바람만 무심히 윙윙거렸다.

언덕배기엔 연인 한 쌍이 손을 꼭 잡고 내려가고 있다. 찬 바람 속에서도 따뜻한 봄이 올 거라는 희망이 있는 한 겨울은 춥지만은 않을 것이다. 문득 공주릉 너럭바위에 진우를 안고 집 없는 설움을 한탄하던 지난날이 생각난다. 겨울은 이래서 인생을 생각해 보는 계절이 아닐까. 가난과 남루를 겪어내면서 인생의 명징(明徵)함을 생각해 본다.

♣ 2010년 12월 26일 일요일 맑음

오늘도 매서운 바람이다. 기윤이 외삼촌이 온다고 해서 쇠고기 육수를 내고 식혜를 해가지고 기윤네 집으로 갔다.

아기들은 잘 놀고 있었다. 어제 아기들을 업어 준 것이 무리였던지 엉치가 아파서 견딜 수가 없다. 그래서 아기도 젊었을 때 키우기 마련인가 보다. 자식들 옥이야 금이야 키워 놓아도 저 혼자 큰 것처럼 생각하니 그렇게 키울 일도 아니라는 둥, 어머니는 또 불편한 심기를 드러내신다.

집에 오니 며느리에게서 자기 오빠가 곰국에 끓인 떡국을 맛있게 먹었노라고 고맙다는 문자가 왔다. 잊지 않고 고마워하는 며느리가 어여쁘다.

자신을 아는 일이 가장 어렵고, 다른 사람에게 충고하는 일이 가장 쉽다.
–탈레스

♣ 2010년 12월 27일 월요일 눈

마당에 살포시 눈이 내렸다. 누군가가 마당을 깨끗이 쓸어놓았다. 아마도 오랫동안 집을 비우다가 모처럼 집에 온 2층 아저씨일 것이다. 오래 남들과 살아왔지만 세 사는 사람들이 마당 쓰는 일은 흔치 않은데 이분들은 달라서 고맙다.

선우가 내일까지 쉰다기에 만두를 하루 종일 빚었다. 고기만두 따로, 김치만두 따로. 선우가 무슨 만두를 그리 많이 빚느냐고 물어서 너 주려고 한다고 대답했다. 만두 두 봉지를 가지고 진우네 집으로 갔다. 점심때가 다 되었는데 나의 만류에도 불구하고 진우네 집으로 가시는 어머니 때문에 며느리에게 미안하다고 전화를 걸었다.

며느리가 어머니에게 "만둣국밖에 없다."고 말씀드렸더니 오늘이 세 번째라고 그러시더란다. 무나물과 무국을 끓여 아들네 집으로 가지고 갔다. 나는 며느리에게 "너희들이 이사 오지 않았으면 겨울나기가 힘들었을 거"라고 말해 주었다.

선우가 8시 30분쯤 형네로 온다고 해서 저녁은 먹었느냐고 물었다. 며느리가 너무 힘들까봐 가슴을 졸인다. 일찍 자리를 피해 집으로 왔다. 저희들끼리 할 말도 있을 터인데, 눈치 있게 알아서 하는 일도 중요하지 않을까 싶다.

♣ 2010년 12월 31일 금요일 맑음

한문공부 시간에 선생님께서 찹쌀떡 두 개씩을 나눠 주셨다. 적지 않은 식구에 대한 선생님의 배려가 고마워서 감사한 마음으로 먹었다. 공(公)과 사(私), 어느 쪽에 주안점을 두고 무슨 일을 하느냐에 따라 일이 되어가는 품새가 결정된다는 것을 논어에서 배웠다.

달력 한 점을 교실에 걸었다. 나 혼자 보기보다는 두루두루 나누어 보는 것이 좋다고 생각했기 때문이다. 내년 1년은 내가 건 달력을 바라보며 생활할 것이다.

며느리가 오늘 저희 외가에 가니 할머니께 오지 말라고 했다. 어머니는 심심하시겠지만 나는 보너스를 탄 기분이다. 사실 별로 하는 일은 없어도 저녁마다 아들네로 출근하는 일이 만만치가 않은 일이다. 그래도 내가 아들네 집에 필요로 한다면 나는 혼신을 다할 것이다.

이제 아기들이 태어난 지 1년 반이 되었고, 어느 정도 더운 불은 껐다고 생각한다. 처음에 아기들을 만났을 때의 막막함은 가셨고, 씩씩하게 자라고 있는 것이 얼마나 사랑스럽고 기특한지 집안의 복덩이들이다. 아이들에 대한 무한한 꿈을 펼칠 수 있어서 행복하다.

새해에도 온 가족이 건강하고 선우와 연서가 좋은 배필을 만났으면 좋겠다. 심성 곱고 알뜰하고 가족 간 화목할 수 있는 규수를 만나기를 바란다. 모두 다 소원을 이루고, 평탄한 한 해가 되기를 간절히 염원했다.

기윤이가 신종플루에 걸리다

♣ 2011년 1월 8일 토요일 눈

기윤이가 신종플루라고 하니 걱정이다. 신종플루 같은 것은 우리와 상관없는 병인 줄 알았는데, 그냥 지나가는 법이 없으니 안타깝다.

♣ 2011년 1월 15일 토요일 매서운 추위

진우로부터 잘 주무셨느냐는 전화가 왔다. 아들이 전화를 하니 공연히 기분이 좋아진다. 11일 동안 아들네 집에 가지 않으니 궁금했나 보다.

♣ 2011년 1월 22일 토요일 맑음

오늘은 진우가 회사에 간다고 일찍 오라고 해서 9시 전에 갔다. 며느리가 휴지를 둘둘 말아 쓰니까 기윤이가 "엄마, 그래도 되는 거야? 한 칸씩만 써야지."라고 하더란다.

내가 하고 싶은 말을 손자가 했으니 얼마나 기특한지 모르겠다. 꽁치조림을 해 먹으라고 며느리에게 가져다주니 꽁치를 다듬지 못하겠다고 해서 내가 다듬어 주었다. 감자탕 같은 것도 직접 만들어 먹으라고 했다. 대식구 거느리고 언제까지 그런 것 사 먹겠느냐고 말해 주었다.

♣ 2011년 1월 25일 화요일 맑음

광운회 친구들을 만나고 오는 길에 아이들 설빔을 사려고 아울렛에 들렀다. 기윤이 점퍼 하나와 세쌍둥이는 조끼까지 달린 옷을 한 벌씩 샀다.

아이들이 얼마나 좋아하는지 나도 기뻤다. 사진을 찍는다니까 기환이는 윙크까지 해서 우리를 박장대소하게 만들었다. 아주 행복한 순간이다. 내 손으로 그렇게 비싼 옷을 사본 일이 많지 않다. 기윤이가 유치원에서 옷 잘 입는 아이로 뽑혔다는데, 할머니께서 사준 점퍼로 더욱 멋있어졌다고 좋아했다.

세쌍둥이 그 어린것들도 새 옷을 어떻게 알고 저토록 좋아할까. 아무리 귀한 것을 주어도 아깝지 않을 사랑하는 나의 손자들… 행복이 이런 것이구나 새삼 느낀다. 남편이 원철엄마에게 내가 한국여인의 표상이라고 했다고 한다. 얼마나 신임을 하면 그런 말을 듣느냐고 했다.

개구쟁이 네 아이들

♣ 2011년 1월 27일 목요일 맑음

아기들이 밟고 올라갈까봐 식탁 의자를 모두 치웠다.

아기들이 예방주사를 맞아 조금 칭얼댔다. 그래도 순하고 착하게 어여쁘게 잘 자라니 행복하다. 어머니도 그런 아기들을 보며 행복한 마음이 되나보다.

♣ 2011년 1월 30일 일요일 맑음

어머니가 어제 진우네에서 주무셨다. 아침에 진우에게서 국거리가 없는데 할머니가 계시니 사골국물을 가져왔으면 좋겠다고 전화를 했다. 그렇지 않아도 가져가려 했는데 마침 잘되었다싶어 고기도 샀다. 수없이 솥뚜껑을 여닫으면서 뽀얀 물이 우러날 때까지 고았다.

서둘러 진우네 집에 가야 하는데 남편이 미적거려서 내가 먼저 나갔다. 나중에 따라 온 남편의 현관문을 열어주는 동안 쌍둥이 셋이서 사골국물을 방바닥에 엎어놓고 좋다고 손바닥으로 치며 노는데 얼마나 아깝던지.

어머니는 아이들 어미가 너무 바빠서 미처 신경을 못 쓴 탓이니 너무 섭섭해 하지 말라고 나를 달래셨다.

♣ 2011년 1월 31일 월요일 맑음

진우네에서 설을 맞이하려고 만두를 빚다보니 늦은 저녁에야 돌아왔다. 며느리가 아기들 때문에 음식 장만은 못할 것 같다. 역시 큰집은 제 할 일을 다해야 남에게 피해도 안 주고, 말을 들을 일도 없고 마음도 편한 법이다. 막내시동생네서 전을 부쳐왔다. 고마운 마음 한편으로 부담도 된다.

♣ 2011년 2월 3일 목요일 맑음

설날 아침이다. 즐거운 마음으로 차례를 지내고 어머니께 세배도 드렸다. 시동생네 부부가 어머니께 세배를 드린다고 안방으로 오시라고 하니 오시지 않아 할 수 없이 어머니 방으로 갔다. 사돈할머니에게도 마음을 써주니 두 시동생네가 고마웠다.

점심은 '북서울 꿈의 숲' 메이린에 가서 온 식구가 중식으로 식사했다. 우아하고 즐겁게 담소를 나누면서 식사하려고 했는데 아기들이 너무 보채고 산만해서 제대로 먹을 수가 없었다. 돈만 들고 마음대로 되지가 않는다. 다음부터 점심은 훈제오리라도 사다가 집에서 구워먹어야겠다.

♣ 2011년 2월 6일 일요일 맑음

며느리가 우울해 보여서 신경이 쓰였다. 어제부터 안경이 없다기에 안경을 맞추어 주겠다고 하는데도 가질 않더니, 오늘은 내가 아기들을 보아줄 테니 다녀오라 하자 아들과 기윤이와 함께 셋이서 다녀온다. 아기들이 나와 잘 노니 더 바랄 게 무엇이 있겠는가. 제 어미를 찾지 않고 1시간 정도 잘 놀았다.

며느리가 안경을 맞추고 밝은 표정으로 들어오는 걸 본 다음에야 내 마음이 편해졌다.

♣ 2011년 2월 8일 화요일 맑음

퇴근하는 남편을 재촉해 저녁밥을 차려주고 진우네 집으로 갔다. 내 딴에는 동치미와 전, 감자탕까지 힘겹게 들고 갔는데 며느리가 별로 반기지 않는 것 같다. 아니면 아기들 소란에 정신이 없는 건지, 가져간 음식을 선뜻 받지 않는다.

순간 이건 아닌데 하는 생각이 들어 남편에게 말했더니 미리 물어보고 원하는 것만 가져다주라고 했다.

한참 아기들과 놀고 있는데 며느리가 아기들이 잘 노는 것 같으니 나에게 집에 가서 주무시라고 하는데도 비쩍 마른 며느리를 두고 선뜻 나올 수가 없어 미적거리고 있는데 며느리가 갑자기 배가 아프다고 한다.

안방에 며느리를 재우고 아기들과 놀았다. 기웅이가 계속 안아달라고 응석을 부렸다. 아기들이 기다렸다가 좀 손이 비는 것 같으면 기헌이가 팔을 벌리고, 차례가 되면 기환이도 팔을 벌린다. 그 어린 것들이 어떻게 질서와 차례를 아는 것일까. 기다릴 줄 아는 어린 아기들이 속 좁은 어른보다 훨씬 지혜롭다는 생각을 했다.

♣ 2011년 2월 11일 금요일 맑음

나만 보면 좋아서 팔을 벌리는 기웅이다. 두 팔을 벌리며 안아달라고 다리를 흔들면서 보채는 기웅이가 너무나 예쁘다. 나만 보면 픽픽거리던 기윤이도 오늘은 얼마나 제 어미가 할머니께 그러면 안 된다고 닦달을 했는지 고분고분 묻는 말에 대답을 했다. 아이들을 예뻐하면 수염 뽑힐 일만 있다는 말이 그르지 않다. 자식의 잘못에 용서를 구하는 며느리가 믿음직하다.

늦은 밤, 차가운 밤바람을 맞으며 집으로 왔다. 내가 아들네 집에 들락거리는 일이 그들에게 얼마나 도움이 될지, 잠시 밤하늘을 올려다보며 생각했다. 그러나 바쁜 일손을 돕는 것은 좋은 일이라고 내 식대로 생각하고 위안을 삼았다.

♣ 2011년 2월 12일 토요일 맑음

내 생일이다. 며느리가 생일상을 차려준다기에 찬수 결혼식에 갔다가 바로 왔다. 아이들과 시달리면서도 집에서 함께 밥을 먹자는 게 고마워서다. 사람의 마음이 얼마나 중요한지 알겠다.

글을 쓸 수 없는 기윤이는 나에게 생일선물로 그림을 그려서 주었다. 그 어린것이 나름대로 할머니 선물을 준비하느라고 바빴다는 게 기특했다. 기윤 엄마가 연서 사진을 보여주었다. 멀리 있는 자식은 있어도 소용이 없다. 딸이 있으면 뭐하나, 때맞춰 볼 수도 만질 수도 없는데….

아기들 때문에 결국 아들 내외와 식사도 못하고 서서 먹은 밥이지만 축하주 한 잔에 기분 좋게 먹었다면 최고의 선물이 아닌가. 온 식구가 함께 모인 기쁜 날. 선우도 상품권 한 장으로 나의 맘을 기쁘게 했다.

♣ 2011년 2월 18일 금요일 맑음

기윤이 재롱잔치가 오후 7시 30분~9시까지여서 내가 아기들을 보았다. 오랜만에 제 아빠 엄마 사랑을 독차지했으니 기윤이가 얼마나 기쁠까.

나 혼자서 세쌍둥이를 돌보는데 기환이가 자꾸 바깥을 가리키면서 나가자고 한다. 기웅이도 업고 나가면 울음을 그치고 집에 들어오면 울어서 진땀을 뺐다. 기헌이는 형편을 아는지 가만히 있다. 세쌍둥이 중 기헌이는 형된 몫을 톡톡히 하는 것 같다. 그 어린것이 어떻게 상황판단을 하고 기다릴 줄을 아는 걸까. 제 동생들에게 손을 내주고 기다릴 줄 아는 기헌이가 대견스러웠다.

땀을 뻘뻘 흘리다가 감당이 안 되어 할 수 없이 며느리에게 전화를 걸었다. 아직 재롱잔치가 끝나지도 않았을 텐데 곧장 달려왔다. 제 부모가 왔다는 자체가 행복한지 기웅이가 기분이 좋아 온갖 예쁜 모습으로 즐거워하는 게 참으로 귀여웠다.

♣ 2011년 2월 20일 일요일 맑음

며느리에게 전화를 걸어 점심 먹으러 오라고 했더니 진우가 출근을 했단다. 점심을 먹고 제주도에서 사온 간고등어를 가지고 갔다. 오늘은 어머니가 집에서 꼼짝을 하지 않으신다. 어제 당신이 손자며느리에게 폐를 끼친 걸 조금은 알고 계신 것일까. 전화를 하니 그때서야 오신다고 했다.

저녁에 며느리가 집에서 쉬라고 하는데도 불안해서 저녁 7시에 들렀더니 역시 아이들이 보채고 있었다. 우는 아이들을 보니 마음이 좀 그랬다. 상황을 뻔히 알면서도 우는 버릇이 든 기윤이는 언제쯤이나 나아질까 답답하다. 기웅이가 감기에 걸렸는지 많이 보챈다.

선우도 늦게 합류하여 온 식구가 늦은 저녁에 집에 돌아오는 마음이 행복했다

♣ 2011년 3월 1일 화요일 흐림

오늘은 몸이 무거워서 기윤네 가지 않고 집에서 쉬려고 했는데 남편이 아기들이 보고 싶다고 해서 어쩔 수 없이 전화를 걸고 갔다. 아기들이 너무 심하게 울어대니 나가려던 제 어미가 다시 집으로 들어온다.

영리해진 아기들이 내가 제 집에 가면 제 엄마가 밖으로 나가는 것을 알아챘다, 아기들이 우리가 가면 기를 쓰고 제 엄마에게 달려들며 떼를 쓰니 여간 답답한 일이 아니다.

진우가 어렸을 때 제 할머니가 안 보이면 심하게 울었다는데, 아기들도 자신을 길러주는 사람을 용케 아는 것이 신기하다. 부모 자식 사이도 서로의 마음을 헤아리지 못하면 참 어려운 관계인가보다.

날이 갈수록 어른 노릇하기가 힘든 일임을 새삼 깨닫는다. 어쩔 수 없이 부딪치며 섞여 살아가는 일이 만만치가 않다.

며느리의 호출

♣ 2011년 3월 4일 금요일 맑음

아기들을 보러 가지 않으니 시간 여유가 있다. 며느리가 부담스러워서 오지 말라고 하니 굳이 가야할 필요는 없겠다. 어머니도 마음을 정하셨는지 가시지 않으니 잘되었다. 어머니가 아들네에 자주 들락거리는 것이 며느리에게 미안했는데 이제는 그 걱정도 덜었다.

내딴에는 도움이 되려고 했던 5개월 동안의 동분서주, 결국 오지 말라는 직접적인 요청으로 받고서야 그만 두다니…. 미처 눈치 채지 못하고 헤아리지 못한 나의 미련하고 무딤이 속상하고 무안하다.

내가 관심을 끊자 며느리가 언젠가 울면서 전화를 걸어올지도 모른다고 한 말이 걸린다.

♣ 2011년 3월 13일 일요일 맑음

기윤이가 좋아하는 고기반찬을 해가지고 진우네 집에 갔다. 아기들이 며칠 안 본 동안 부쩍 자라있고, 의젓한 게 총각 티가 났다. 햇볕이 따사로워 밖에 나가면 좋겠는데, 마침 기환이가 나가자고 현관을 가리키며 '어어어어' 하고 소리를 냈다. 혼자 아이들을 데리고 나가기는 벅찬데 아들이 따라나섰다.

복도에 아기들을 내려놓으니 이리저리 뛰어다니면서 좋아했다. 복도에 세워놓은 자전거에 달라붙어 종을 치며 신이 나서 논다. 아기들을 놀이터에 데리고 나가면 보다 수월할 것 같다. 아기들이 얼마나 예쁜지 야쿠르트를 주는 아주머니도 있고, 한참 아기들을 바라보며 신기해하는 사람도 있다.

♣ 2011년 3월 18일 금요일 맑음

기윤이를 유치원 차에 태워주기 위하여 아들네 집에 갔다. 기윤이가 이제는 할미 손을 잡고 유치원 갈 생각을 하는 게 다행이다. 아기

놀이터 처음 나가서 마냥 신이 난 기헌, 기환, 기웅

들과 블록쌓기를 하면서 재미있게 놀았다. 기환이는 블록쌓기를 좋아하는데 기웅이는 감정적이고 성격도 급해서 유아적인 면이 강했다.

한문수업이 끝나고 다시 아들네 집에 갔다. 역시 혈육이란 좋은 것이다. 왕할머니 곁에 어린 증손자들이 옹기종기 모여 있는 걸 보면서 마음이 참 행복하다.

♣ 2011년 3월 20일 일요일 맑음

진우네 집에 다녀왔다. 아기들은 각자 다른 모습을 보였다. 기웅이는 성격이 급하고 애교도 많아서 사랑을 받지만 뭔가 탐이 나거나 갖고 싶은 게 있으면 쫓아가서 헤집고 울어버림으로써 자기의 자리를 확보한다. 다른 아이들은 어안이 벙벙해서 피해 주거나 그 아이들도 너무 화가 나면 가운데로 파고 들어가기도 한다. 사는 방법이 저마다 다르다.

오래 아들네 집에 머무르지 않고 어머니를 모시고 바로 집으로 돌아왔다. 며느리가 이전에는 우리가 거슬리면 집에 가라고 할 수 있었지만, 이제는 며느리와 나 사이에 그럴 수 없는 입장이 되었으니 그렇게 오래 있어서는 안 될 것 같아서이다.

그러나 저러나 가족끼리 좋은 시간을 함께할 수 있다는 것은 좋은 일이다. 저녁을 혼자 먹고는 남편에게 빨리 밥을 먹으라고 재촉하지 말아야겠다.

♣ 2011년 4월 3일 일요일 맑음

며느리가 아프니 좀 와줬으면 좋겠다고 전화를 했다. 부랴부랴 남편 저녁준비를 해놓고 나왔다. 며느리는 맥이 빠져 눈도 뜨지 못하니 아들이 얼마나 피곤할까. 힘 빠진 아들이 쉬지도 못하고 아이들을 돌본다.

며느리가 얼마나 힘들었으면 병이 났을까. 아기들을 보아주고 밤 10시에 집으로 왔다. 며느리가 "어머니, 감사합니다." 하고 인사를 했다. 모두 딱하다.

♣ 2011년 4월 4일 월요일 맑음

부지런히 수영을 마치고 아들네로 갔다. 아픈 며느리를 위해 잠시라도 아기들을 보아주기 위해서이다.

며느리가 나를 보더니 운다. 도우미아주머니가 어머니처럼 좋은 시어머니와 시아버지를 만나서 얼마나 좋으냐고 그러더란다. 그냥 나는 마음에서 우러나는 대로 한 것뿐인데, 옆에서 좋은 말 해주는 일도 복을 쌓는 일이다. 이간질은 정말로 나쁜 일이다. 좋은 말보다 나쁜 말하는 것이 더 쉽다. 진심을 알아주면 고마운 일이고 몰라주면 서로 멀어지는 일밖에 더 있겠는가.

♣ 2011년 4월 6일 수요일 맑음

수영을 마치고 차를 타고 센터에 가는데 며느리의 호출이 왔다. 아주머니가 아파서 집에 갔으니 나보고 와달라는 것이다. 부랴 부랴 달려갔다. 내일도 모레도 도우미 아주머니가 일이 있어 오지 못한다고 한다. 부득이 내가 아들네 집에 가서 아기들을 돌보아야 할 것 같다.

가만히 있어도 일은 자연히 풀리는구나. "그래, 하고 싶은 말을 참으면 아쉬움이 남지만 하고 싶은 말을 다하고 나면 후회만 남는다."는 말이 있는데, 참는 것이 이기는 일이다.

♣ 2011년 4월 7일 목요일 비

봄비가 내렸다. 봄비에 젖은 산수유와 매화꽃이 얼마나 예쁜지 모르겠다. 미역국과 묵은지 돼지등뼈찜을 만들어 아들네 집에 들고 갔다. 아침에 기윤이 유치원 차를 태우기 위해서다. 기윤이를 사립초등학교에 보내는 것에 대해 며느리가 나의 의견을 물었다. 아무리 회사에서 등록금을 지원해준다 해도 네 명이 다 다니지 않는다면 나는 반대한다고 대답했다. 기회는 균등해야 하니까.

기윤이가 귀한 손자이지만 그 아이의 왕자병엔 부정적이다. 남편의 생각도 나와 다르지 않다. 자식을 기를 때 직장에 다니는 나로서는 그렇게 할 수밖에 없었고 기회도 균등하게 줄 수 있었으니 가능했지만, 지금 이 아이들의 경우와는 다르다. 많은 자식을 거느리는 일은 그 자체로 교육이 되니 조금도 두렵게 생각할 필요가 없다고 생각한다.

♣ 2011년 4월 8일 금요일 비

기윤이 유치원 버스를 태우기 위해 아침 8시부터 달린다. 며느리는 그러는 내가 부담이 되나보다. 그리고 오후 수영을 다 마치지 못하고 기윤이를 마중하러 나갔다.

기윤이는 여전히 나와 부딪친다. 할머니가 밉다고 저를 따라오지 말란다. 부모 사랑이 넘치니 할머니가 안중에 있겠는가. 그래도 악역은 내가 담당해야 한다고 생각한다. 목이 꽉 잠겨서 목소리가 나오질 않는다. 내가 감당하기엔 무리인가보다.

♣ 2011년 4월 10일 일요일 맑음

점심을 먹고 무료해진 나는 손자들을 만나려고 반찬 두어 가지를 해가지고 갔다.

아들이 집에 있을 줄 알았더니 출근하고 없었다. 아들이 없는 집안은 어쩐지 허전하다. 아이들도 잘 노니 아들네 집에 할 일 없이 머무르기가 주저된다. 공원에 나갔다가 공원이 병원이라는 한 여인을 만났다. 솔잎을 모아 내 머리를 콕콕 두들겨 주니 머리가 시원해졌다.

공원에서 잠시 만난 여인과 마음을 나누며 사람의 인연에 대한 생각을 했다. 그녀는 한 동네에 살면서 한 번도 만난 적 없고 만날 기약도 없이 약속이 있다며 바삐 내 곁을 떠나갔다.

♣ 2011년 4월 16일 토요일 맑음

며느리가 천변을 걷자는 전화를 했다. 기윤이와 아기들과 함께 한천로에 나갔다. 뒤뚱뒤뚱 넘어질 것 같아도 얼마나 잘 걷는지. 벚꽃은 흐드러지게 피고, 벚꽃을 보는 중에도 몇몇 사람들은 우리 아기들에 대해 탄성을 지르며 질문을 해댄다. 너무나 예쁘고 신기하단다.

한참 걷다가 아기들이 잠잘 시간이 되었다. 기윤이는 더 놀고 싶다고 불평을 한다. 길 건너 월계동 길도 예쁘니 그리로 걸어서 돌아왔다.

아기들은 한없이 앞만 보고 잘도 걷는다. 집에 와서 자장면과 짬뽕을 먹고 다 같이 잠을 잤다. 일어나 보니 4시 30분이었다.

아들이 어머니 덕분에 잘 잤다고 했다. 저녁에 집에 오면서 내일은 너희들이 우리 집에 왔으면 좋겠다고 말했다. 내가 아들네 집에 가는 것보다 아이들이 우리 집에 오는 일이 더 편하고 좋다.

♣ 2011년 4월 17일 일요일 맑음

아침 11시쯤에 아들네 가족이 우리 집에 왔다. 어제 저녁에 고기를 사다 양념하고 대충 집 정리까지 해놓았는데, 아기들이 오니까 집안이 꽉 찬 느낌이어서 좋다. 아기들은 거실로 방으로 마당으로 돌아다녔다. 며느리가 나에게 "아기들 자랑시키고 싶으시죠?" 하고 물었다. "너는 사람의 마음속을 잘도 알아내는구나." 하고 대답했다. 몸은 좀 힘이 들어도 아기들과 지낸 하루가 행복했다. 가족은 함께 해야 행복하다는 것을 아들 내외도 느꼈을 것이다.

저녁에 며느리가 어머님 덕분에 즐거운 하루였다고 말했다. 내가 행복해야 가족 모두가 행복하다고 생각했다. 기윤이가 나에게 "할머니, 내 사진으로 도배를 했다더니 아니네요." 했다. 그만큼 우리 집에 네 사진이 많다는 뜻이라고 말하면서 거실에, 방에, 내 책상 앞에 몇 개씩이나 붙어있는 사진을 보면서 기윤이에게 말해 주었다. 아이들에게는 말 한마디 한마디를 조심해야겠다.

♣ 2011년 4월 20일 수요일 맑음

어머니가 하안거를 신청하셨단다. 별로 가 계실 일은 없겠지만 나는 어머니의 마음에 위안을 드리려고 돈 아까운 줄 모르고 지원해드렸다. 그리고 불편한 일이 있으면 사위에게 하지 말고 나에게 부탁하라고 말씀드렸다. 어머니가 진우네 집에 가도 되느냐고 물으셨다. 저녁 잡숫고 함께 가자고 말씀드렸다. 맑은 정신의 어머니가 대견스럽다.

딸기 한 팩을 사가지고 진우 네에 가니 아이들이 많이 반가워했다. 아이들 집에 갈 때마다 느끼는 점은 혈육의 정은 어쩔 수 없다는 것이다. 장난감 가게에 함께 가보자고 했다. 아니면 너희들끼리 가서 사오라고. 어느새 어린이날이 코앞에 다가왔다. 작은 것이라도 때 놓치지 않고 어른 노릇하기가 쉽지 않다. 그것이 살아가는 재미 아닌가.

엄마와 행복한 시간을 보내는 세쌍둥이와 형 기윤(휘닉스 파크)

자상한 며느리의 문자

♣ 2011년 4월 23일 토요일 맑음

연서에게서 한국에 와야겠다고 울면서 전화가 왔다. 한 일본인 친구가 자궁암에 걸렸는데, 만일 제가 그런 일을 당한다면 거기서는 누구도 자기를 돌봐줄 사람이 없다는 사실이 너무 겁이 나고 무섭다며 울먹였다.

물은 흐르는 것이 본연인데 흐르지 못하면 아프다. 사람들이 나보고 많이 야위었다고 걱정을 한다. 의도적으로 아들네 집에 가지 않는 일이 괴로운 것인가 보다. 맘이 힘든 것은 정말 견디기 어렵다. 부모자식 사이에 흐르는 물이 자연스럽다면 인위적으로 막아야할 일이 아니다. 며느리의 미안해하는 모습이 역력하게 감지된다.

♣ 2011년 4월 24일 일요일 맑음

진우네 집에 열무김치와 매실장아찌, 사골국물을 푹 고아 가지고 갔다. 아들네 집에 갈 때마다 전화로 물어야 하는 일이 내 세대에서는 서글픈 일일 것이다. 아기들이 얼른 커야 내가 잊고 살 텐데….

♣ 2011년 4월 25일 월요일 맑음

며느리로부터 문자가 왔다. '제가 늘 부족해서 죄송합니다. 저 때문에 편찮으신 듯해서 죄송해요. 제가 어리석어서 어머니 귀한 줄 모르고 잘못 모시고, 어머님이 늘 예쁘다 아껴 주실수록 잘 해야 하는데 말이죠. 식사 맛나게 하시고 기운내세요.'

나는 '너의 고충을 살피지 못해 미안하다. 나의 진심이었다고 이해해 주면 고맙겠다.'고 답했다.

♣ 2011년 4월 28일 목요일 맑음

아침에 수업을 받고 있는데 며느리로부터 '어머님, 오늘은 훨씬 날씨가 좋네요. 아기들이 할머니 만나면 무지 좋아하겠네요.' 라는 문자가 왔다.

나는 3시쯤 갈 수 있다고 했더니 언제든 오시라고 했다. 어머니와 반찬 몇 가지를 싸가지고 갔더니 아기들이 뛸 듯이 좋아한다. 네 녀석이 모두 천방지축 제멋대로 놀고 뛰고 서로 뺏고 빼앗기며 운다. 품안에 오물거리며 모여 있는 아기들이 영락없이 어미 품에 안긴 병아리들 같다. 왕할머니까지 10명이 기윤이 머릿속에 가족으로 입력되어 있는데, 제 고모 연서는 모른다고 한다. 사람은 자주 만나야 정이 드는 법인데….

♣ 2011년 4월 30일 토요일 비

4월의 마지막 날, 어머니께 참선비용 40만을 드렸더니 고맙다고 나에게 절을 하셨다. 나도 어머니가 건강하셔서 고맙다고 맞절을 한다.

어머니는 아직도 나를 가르치며 순종하기를 강요하시는데 나는 그런 어머니가 답답하다. 너는 왜 한 번도 잘못했다는 말을 안 하느냐고 하시는데, 특별히 잘못했다고 느끼지 못하니 어머니가 원하는 대답을 해 드릴 수가 없다. 그러나 어머니가 절을 하시니 저절로 나도 절을 하게 된다.

♣ 2011년 5월 5일 목요일 맑음

어린이날이다. 세쌍둥이와 기윤이를 데리고 북서울 꿈의 숲으로 갔다. 미술관 뒤편에 돗자리를 펴고 놀았다. 우리 집에 와서 밥을 먹고 기윤 네로 갔다. 대가족이 움직인다는 것이 여간 어려운 일이 아닌데 90이 된 어머니까지 계시니 며느리나 나는 많이 심려가 된다. 그래도 화창한 날 함께 움직이니 평온하고 좋다. 그런 것이 가족의 힘이 아니겠나하는 생각도 든다.

자녀들에게 우리가 짐이 되는 건 아닌지 염려가 된다.

♣ 2011년 5월 9일 월요일 비

며느리의 생일이다. 전화를 했더니 아기 보는 아주머니가 잡채와 미역국을 끓여다 주어서 먹었다고 했다. 반찬을 만들어 가지고 가서 저녁식사를 하고 돌아왔다.

세쌍둥이들이 자기주장이 강해 돌보기가 버겁다. 잠시만 눈을 떼도 일을 저지르고 다치곤 한다. 장난감 하나를 가지고 서로 안 빼앗기려고 치열하게 소리를 지르며 싸운다.

어머니가 절에 가셨다. 석가탄신일에 용화사에 가지 않을 터이니 그리 알라고 어머니께 말씀드렸다.

♣ 2011년 5월 10일 화요일 비

석가탄신일이라 집에서 봉축법요식을 보고 있는데 며느리가 전화를 했다. 아파서 죽겠다는 울음 섞인 목소리라 놀라서 뛰어갔더니 물만 먹어도 토하고 배가 아프단다. 병원에 갔더니 장염이라고 해서 링거를 맞고 안정을 취하고 집으로 왔다. 쉬지 않고 신경 쓰고 너무 무리했나 보다. 나보고 고맙다고 해서 그것이 남과 다른 점이라고 말해 주었다.

며느리가 아프니 아들도 지쳐 있어 잠을 재워야 했다. 아기들은 자꾸 밖으로 나가자고 한다. 아기들을 한번쯤은 집에 데리고 와야지. 기웅이는 너무나 사랑스럽다. 보고만 있어도 귀엽다. 기환이는 차근차근 무엇이든 잘 챙기고, 기웅이는 가운데로 파고들면서 온몸으로 해결하려 한다. 기헌이는 의젓하게 제 형제들 하는 일을 바라보면서 빙그레 웃으면 그만이다.

♣ 2011년 5월 11일 수요일 흐림

며느리가 아프다. 아기들이 얼마나 물을 좋아하는지 물을 떠다 바치느라고 수없이 앉았다 섰다 했다. 아무리 여름에 태어났어도 물을 그렇게 좋아할 수가 없다. 자꾸만 밖에 나가자고 한다. 밖으로 나가니 기헌이는 잠이 들었다.

내가 아들네 집에 가면 도움이 될까. 정말 며느리 혼자서 감당하기에는 무리다. 진우는 아이들 셋이 울어대면 아무 정신이 없다고 한다. 며느리가 얼마나 아팠으면 스스로 전화를 했겠느냐고 한다. 엄마가 오시기 한 시간 전엔 완전히 지옥이었다고 한다. 내 힘이 필요할 때 당장 달려갈 수 있으니 다행스럽게 생각한다.

♣ 2011년 5월 16일 월요일 맑음

아들네 집에 가기 위해 저녁 일찍 밥을 먹고 남편을 기다렸다. 며느리에게 전화를 거니 마실 삼아 오시라 한다. 저녁이 되니 바람이 아주 심하게 불어서 밖에 나갈 수가 없는데 세쌍둥이 모두 제 어미를 마다하고 나한테 달려들었다. 기웅이는 저희들 업을 때 쓰는 포대기를 끌고 와서 업어 달란다.

아기들이 참으로 영리해서 놀랍다. 기웅이를 업고 1층 아파트 옆에 있는 의자에 가서 놀았는데 바람이 없고 안온해서 좋았다.

♣ 2011년 5월 18일 수요일 맑음

저녁에 기윤이에게 초코파이 한 상자와 스쿠터를 갖다 주려고 갔다. 오늘은 아들이 일찍 퇴근했다. 며느리가 모처럼 파마를 했는데 어려 보이고 예뻤다. 지난번 놀이터에서 찍은 사진을 보여줬다. 제 시아버지가 '항상 고맙다. 기윤 엄마.'라고 문자를 보낸 걸 나에게 보여 주면서 마음이 뭉클했다고 한다.

기환이와 기웅이는 잠을 자고 기헌이만 깨어 있어서 업어주었다. 아기들이 자는 모습을 들여다보면서 빈 곳 없이 꽉 차고 잘 생긴 모습이 흐뭇하기만 하다. 내 손자들이라는 편견 없이 보아도 정말 예쁘다.

♣ 2011년 5월 23일 월요일 맑음

날이 여름처럼 무덥다. 책상정리를 하느라 한나절을 다 써도 별로 나아진 점이 없다. 그래도 가지런하고 정갈하게 살고 싶다. 수영을 마치고 아들네 집에 갔다. 손자 중 하나라도 집에 데려오고 싶다.

저희 집에선 장난감을 서로 가지려고 싸우고 우느라 정신이 없는데 내가 업고 온 기헌이는 이것저것 만지작거리면 신기해하며 잘 놀았다. 아들네도 아이 하나가 없으니 평화롭단다. 동생 욕심이 많은 기윤이도 동생 하나가 없어진 줄도 모르더란다. 제 엄마가 얘기를 하니 "자고 있겠지 뭐." 하더란다. 나중에 알고 아기 데려오라고 전화하라고 하더라나.

오늘은 기윤이가 봄날이다. 기윤이를 나무랐으니 제 어미가 서운했겠지만 그 아이는 나의 손자이기도 하다. 너무 받아주면 안되겠기에 때론 냉정할 수밖에 없다. 아기들을 종종 데려와 며느리의 수고를 덜어줘야겠다.

♣ 2011년 5월 25일 수요일 맑음

며느리가 친정오빠의 신부님 서품식에 참석하기 위해 기윤이만 데리고 미국으로 떠나는 날이다. 나는 기웅이를 맡기로 했다. 두 아이는 도우미아주머니가 맡아주기로 했다. 어미와 떨어져 있을 아이들이 안쓰러워 아침 10시쯤 아들네 집에 들렀다. 마침 도우미 아주머니의 남편까지 와서 아이들을 챙기고 있었다. 아저씨가 아기들을 세심하게 대하는 모습에 마음이 놓였다. 며느리가 떠날 준비를 하라고 나는 기웅이를 데리고 집으로 왔다.

[수필]

세 살배기 손자와 사랑 나누기

세쌍둥이를 둔 며느리가 일주일 간 해외 나들이를 한단다. 하나뿐인 친정오빠가 신부님 서품을 받는 날, 오빠를 축하하기 위해서다. 세쌍둥이는 한국에 두고 여섯 살 난 맏손자만 데리고 떠난다고 했다. 큰손주는 제 부모 외엔 누구도 감당할 사람이 없으니 선택의 여지가 없다.

손주가 하나였을 때 부모 사랑을 독차지했던 아이다. 세 동생들이 한꺼번에 태어나자 아기들을 귀여워하다가도 심통이 나면 한 번씩 해코지를 하기도 하고 무섭게 떼도 쓴다. 아무래도 저 혼자였을 때 받은 사랑이 생각나는지 제 엄마에게 말하길 "한꺼번에 동생을 세 명씩이나 낳은 건 너무 한 것 아니냐?"고 "나도 쌍둥이였으면 좋겠다."고 투정을 부리는 아이다.

세쌍둥이 중 큰아이 기헌이와 둘째 기환이는 도우미아주머니가 자신의 집으로 데려가 돌보기로 하고, 나는 막내 기웅이를 맡았다. 태어날 때부터 미숙아로 태어났고 그 중에서도 가장 약하게 태어나서 내가 특별히 저를 안쓰러워하는 것을 아는지 나를 제일 잘 따르는 아이다. 그렇게 나를 잘 따르는 아이지만 내가 저희 집에 드나들면서 저희를 돌봐줄 때이다. 내가 나타나면 저의 엄마가 나가는 줄 용케 알고 제 어미와 떨어지지 않으려고 해서 애를 먹기도 했었다.

생후 22개월이 되는 지금까지 단 한 번도 엄마 곁을 떠나본 적이 없는 아이들이어서 걱정스럽다. 제 어미야 말할 것도 없으리라. 한편 아기를 단 며칠이라도 내 맘대로 돌볼 수 있다는 기대감에 부풀어 나는 며느리가 떠날 날이 기다려지기도 했다.

드디어 이별의 날이 왔다. 위로 두 아이는 도우미아주머니 부부가 데려가고, 셋째 기웅이가 내 차지가 되었다. 나는 제 어미 떠나는 모습을 보이지 않게 하려고 좀 일찍 아기를 유모차에 태우고 밖으로 나갔다. 동네 놀이터를 한 바퀴 돌고 북서울 꿈의 숲으로 갔다.

"기웅아 우리 사슴 보러 갈까?"

할미가 물으니 "응" 하면서 빨리 가자고 손가락으로 가리킨다. 나는 기웅이와 함께 산 아래 중턱에 있는 사슴 방목장으로 갔다. 제 엄마가 있을 땐 감기 든다는 이유로 밖에 나오는 일은 언감생심 꿈도 못 꾸던 일이었다. 그러나 나는 될 수 있으면 아기들을 밖으로 데리고 다니면서 키워야 한다는 주의이니 이번이 절호의 찬스다. 나는 키가 훌쩍 큰 담배나무를 손으로 뜯어 아기 손에게 들려서 사슴에게 내미니 사슴이 잘 받아먹는다. 아기가 처음엔 사슴이 무서운지 움찔움찔하더니 이내 사슴과 친해져 나에게 자꾸 풀을 뜯어 달란다.

첫날 나는 손자를 친구네 집에 데려가기도 하고, 또 다른 친구를 만나 점심도 함께 먹으면서 하루를 보냈다. 그런데 그 날 밤이 문제였다. 날이 어두워지니 제 엄마를 심하게 찾는다. 밤에도 자다가 깨어나서 울어대니 속수무책이었다. 제 아비는 출근해야 할 몸인데 자식이 우는 소리에 편한 잠을 못 잔다. 나는 아기가 울 때마다 우유와

과자를 먹이고 업어주면서 밤을 지샜다.

이튿날부터는 남편 말대로 제 아비와 함께 저희 집에 가서 잠을 자기로 했다. 제 집에서 잠을 자니 잠투정이 좀 나아지는 것 같았다. 처음에 아기를 맡는다고 했을 때 아들네 집에 가서 아기를 돌보라고 한 이유가 바로 거기 있었나보다. 어른도 환경이 바뀌면 익숙해질 때까지 힘들지 않던가.

아기가 나에게 적응하여 잠도 잘 자게 될 무렵에 제 어미가 미국에서 돌아왔다. 어린것들을 떼어놓고 먼 곳에 다녀온 어미는 얼마나 애가 탔을 것인가. 제 어미가 와서 안으려 하자 싫다고 도리질을 했다. 어느새 엄마를 잊었나보다. 제 어미는 섭섭했겠지만 나는 속으로 기뻤다. 그 사이 나와 정이 들었다는 일이.

며느리 없는 동안 어린이집에 가본 나는 아이들을 그 곳에 보내면 어떻겠느냐고 물었다. 이제까지 생각지도 못한 며느리가 마음이 바뀌어 아이들을 어린이집에 보낼 생각을 했다. 제가 미국에 가지 않았더라면 아이들을 떼어 놓을 생각이나 했겠는가. 그로부터 한 달 후, 집에 오는 도우미아주머니대신 어린이집에 등록을 하였다.

아기들을 처음에 어린이집에 보낼 때는 제 엄마와 떨어지지 않으려고 울고불고 해서 한동안은 제 엄마가 어린이 집에 함께 가서 시간을 보내기도 했다. 그런데 다시 한 달이 지나자 지금은 아기들이 제 엄마에게 '빠이빠이' 인사를 잘한다. 그곳에서 돌보아 주는 선생님과 또래 친구들과 노는 재미가 쏠쏠한가 보다. 사람은 환경의 지배를 받으며 사는 사회적 동물이라는 말이 맞는 말인가 보다.

내가 저희들 집에 다니면서 놀이터에 데리고 나가기도 하니 넓은 세상 보여주는 것이 좋은지 지금은 나를 많이들 좋아한다.

얼마 전에 텔레비전프로그램에 동생을 본 형의 좌절감에 대해 방영하는 것을 보며 큰손주에 대한 생각을 다시 하게 되었다. 아무런 준비도 없이 동생들을 맞이하고 부모로부터 관심을 빼앗긴 손주가 겪었을 외로움과 상실감이 내 가슴을 쳤다. 나역시 제 부모 사랑도 빼앗긴 큰손주보다 쌍둥이 동생들만 예뻐했으니 그런 할미가 얼마나 야속했을 것이며 제 동생들이 얼마나 부러웠을까.

며칠 전에 아들네 집에 가니 금세 있던 큰손주가 없어졌다. 나는 베란다로 목욕실로 이 방 저 방으로 이름을 부르며 찾아 나섰더니 문 뒤에서 환히 웃으며 나왔다. 그동안 아기들에게 집중된 사랑에 질투가 났나 보다. 아니면 할머니 사랑이 그리웠을 수도 있겠다. 사람은 자기에게 집중되는 관심과 사랑이 귀찮다가도 빼앗긴 사랑은 그리운 것인가 보다.

오늘도 내가 갔더니 꼬마들은 물론 큰 손주까지 놀이터에 가자고 졸랐다. 엄마는 바쁘니까 네가 동생 하나를 책임져야 갈 수 있다고 했더니 그렇게 하겠단다. 병아리 떼를 몰고 가듯이 놀이터로 갔다. 세 놈 중 누가 어디로 튈지 몰라 진땀을 흘리며 아기들을 돌볼 무렵, 며느리가 나오고 조금 있으니 퇴근하던 아들도 놀이터로 왔다. 제 아빠를 만난 아기들은 놀이터가 떠나가도록 환호성을 지르며 제 아빠 품에 안겼다. 돌아가는 아들네 가족 뒷모습을 보면서 흐뭇한 마음으로 발길을 옮겼다. 그동안 아들 부부가 아이들에게 쏟은 사랑이 눈물겹더니, 세상엔 공짜가 없다고 되뇌었다.

내 사랑 기웅이

♣ 2011년 5월 29일 일요일 맑음

아침부터 진우네 집으로 갔다. 기웅이와 함께 북서울 꿈의 숲 사슴 목장으로 갔다. 사슴에게 풀을 주며 노는 기웅이가 너무 예뻐서 꼭 깨물어주고 싶다.

며칠 동안 기웅이를 업어주었더니 허리가 몹시 아프다. 어린것이 눈치가 있는지 이제는 업어달라는 말을 하지 않는다. 아기에게 새로운 경험을 시키려고 발품을 많이 팔았다.

아기만 보면서 지내니 세월이 어떻게 가는지 아무 생각도 나지 않는다. 어머니에게 전화를 했더니 나보고 목이 많이 쉬어서 어떻게 하느냐고 염려를 하신다. 저희 집에서 잠을 자니 아기가 안정을 취하는 것 같다.

♣ 2011년 5월 30일 월요일 비

기웅이와 종일 집에서 지냈다. 어미와 떨어졌는데도 잠도 잘 자고 이제 안정을 찾은 것 같다. 사랑하는 마음이 더욱 깊어진 것일까. 나를 아주 좋아한다. 가자미와 대합을 사서 고깃국을 끓여주니 아주 잘 먹는다. 아기가 워낙 소식을 해서 잘 받아먹다가도 아니다 싶으면 뱉어버린다.

저녁 때 내가 걱정이 되어 어머니가 오셨는데 길을 잃어 고생하셨단다. 집 떠난 지 한 달도 안 되었는데 왜 길을 잃었는지 혼자 한탄을 하셨다.

내가 너무 힘든 것 같아서 어머니가 함께 돌보면 도움이 될까 해서 오셨단다. 어머니가 아니면 누가 그토록 가슴 뜨거운 사랑을 주실까.

♣ 2011년 5월 31일 화요일 비

기웅이와 북서울 꿈의 숲 사슴목장에 갔다가 비를 만났다. 어머니와 셋이서 비를 피해 집으로 오다가 905호 아저씨를 만났다. 그를 따라 114동에 있는 어린이집에 가봤다. 기웅이가 원장님 무릎에 망설이지 않고 앉으니 예뻤다. 어머니와 나는 우리 기웅이도 어린이집에 보내면 금세 똘똘해질 거라고 생각되었다.

부엌에서 일을 하고 있는데 새벽 3시에 아기가 나와서 나를 쳐다보고 있다. 그 어린것이 울지도 않고 조용히 앉아있는 모습이 얼마나 기특하던지. 진우도 제 아들을 헌신적으로 돌보는 엄마가 고맙고 미안한가 보다.

기웅이는 보고 있는데도 너무나 예뻐서 눈에 삼삼하다.

♣ 2011년 6월 1일 비

아들네 집에서 어머니와 함께 기웅이와 잤다. 며느리가 새벽에 집에 도착했다. 기웅이가 마침 깨어 있었는데 제 엄마가 오라고 해도 가지 않고 내 품에 덥석 안기니 제 엄마가 황당해 한다. 나는 의외이면서도 기분이 좋았다.

♣ 2011년 6월 9일 목요일 흐림

지하실에 내려가니 기윤이가 타고 놀던 자동차가 있었다. 깨끗이 닦아서 햇볕에 말렸다. 기윤이가 나를 좋아하지 않는데도 나는 그 애를 짝사랑하는가보다. 저녁에 아들네 집에 갔더니 침대에 며느리가 누워 있는데, 손자 네 놈이 제 어미를 밟고 올라타고 야단이었다.

기헌이를 데리고 나와 놀이터에서 노는데 나무다리를 타고 올라가더니 그대로 내려오기도 했다. 씩씩하게 노는 모습이 많이 발전한 것 같다.

♣ 2011년 6월 10일 금요일 맑음

오늘은 진우가 연수를 다녀와야 하기 때문에 아기들을 좀 봐 주었으면 하고 며느리가 연락을 했다. 아들네 집에 들어서니 며느리가 축 처져 있었다. 며느리와 함께 네 아이들을 데리고 놀이터로 나갔다. 기윤이의 강한 요청이 아니었으면 못 나갔을 것이다. 아기들이 미끄럼을 타면서 얼마나 씩씩하게 잘 노는지 제 어미도 놀라는 눈치다.

기헌이는 미끄럼틀을 혼자 타고, 겁에 질려 있던 기웅이도 처음엔 주저하더니 나중에는 잘 탔다. 기환이는 혼자 올라가겠다고 손을 뿌리치더니 무서운지 나보고 밀어달라고 한다.

아이들은 옆길을 모른다. 한번 간 길로 끝까지 올라간다. 모기에 물릴까 봐 오후 8시 20분에 집으로 돌아왔다.

역시 핏줄들과 함께 하는 일은 고달프지만 행복하다.

♣ 2011년 6월 19일 일요일 맑음

청주에 다녀 온 진우의 연락을 기다렸는데 소식이 없다. 다소 서운

해서 전화를 걸었다. 할머니가 집에 계신데 오지 않겠느냐고 물으니 곧장 왔다. 아기들과 북새통을 떨었지만 그래도 사람 사는 모습이라는 생각에 기분이 좋다.

며느리는 속이 불편하다고 밥을 먹지 않았다. 어디가 어떻게 불편해서 그럴까. 궁금했지만 묻지도 못한다.

온 식구가 모두 한곳에 모이니 흐뭇하다. 역시 기환이는 사람보다는 사물을 좋아하는 것 같다. 사물을 보면 이리 살피고 저리 살피는 모습이 여간 진지하지 않다. 기웅이는 어리광쟁이, 그러나 싸울 때는 치열하다.

어린이 집을 다니기 시작한 아이들(2011. 7.)

아기들의 어린이집 입소

♣ 2011년 7월 1일 금요일 흐림

아기들이 처음으로 어린이집에 가는 날이다. 아침에 기윤이 를 바래다주고 어린이집으로 갔다. 처음이라 며느리가 함께 갔다가 아이들이 울어서 오후 1시쯤 아기들을 데려왔다고 한다.

오후에도 와 달라고 해서 정신없이 달려갔다. 벌써 7월로 접어들었으니 시간이 참 빠르다. 아이들과 늦은 저녁까지 놀아주고 왔다.

낙지볶음을 만들어 놓고 가길 참 잘했다. 며칠 전에 호주에서 돌아온 연서가 참 맛있게 먹었다고 한다. 아기들과 어린이 놀이터에 가서 시소를 탔는데 아주 좋아했다.

♣ 2011년 7월 3일 일요일 비

오늘 아침에도 비가 내리는데 인사동에 있는 식당 산촌에 갔다. 아들네는 주차장이 없다고 가지 않았다. 참 좋은 시간이었다. 어머니는 고기가 나오지 않는 것이 불만이셨다. 어머니와 연서, 남편을 위하여 완전히 불교식 인테리어로 장식한 분위기 좋은 집으로 데려간 것인데, 어머니는 우선 입이 즐거워야 하나보다.

궁중박물관에 갔더니 직원들이 얼마나 친절하던지, 어머니를 모시고 가니 보는 사람들도 흐뭇해하는 것 같았다. 휠체어도 빌려주어 아주 편하게 잘 보고 왔다. 어머니는 오늘처럼만 행복했으면 좋겠다고 말씀하며 즐거워하셨다. 남편은 어머니와 함께한 시간이 참 좋고 내가 휠체어를 밀고 다니는 모습도 보기 좋았다고 했다.

♣ 2011년 7월 6일 수요일 맑음

햇빛이 쨍하고 났다. 저녁에 아들네 집으로 가고 있는데 며느리가 다급한 목소리로 전화를 했다. 기웅이가 제 형이 가지고 놀던 장난감에 맞아 눈 위를 세 바늘이나 꿰맸단다. 제 엄마가 잠시 저녁밥을 짓느라 방심한 사이에 순간적으로 벌어진 일이어서 속수무책이었다고 한다.

그런 일이 일어났는데도 아이들은 놀이터에서 신나게 논다. 사내아이들이어서 미끄럼틀 반대로 올라가기, 흔들리는 다리 흔들며 올라가기를 좋아한다.

기윤이가 유치원에서 덩치가 제일 작다. 제 목소리를 내지 못하는 것 같아 속이 상했다. 함께 놀던 아이들이 기윤이를 공격하자며 기윤이 머리를 때렸다는데, 자존심이 강한 아이인데도 아이들이 놀아주지 않을까봐 아무 말도 못했다는 말에 몹시 언짢았다.

할머니에게만 큰소리치는 아이라고 생각되어 한편으로 밉기도 하지만, 벌써부터 친구에게 따돌림을 당할까봐 위기의식을 느끼는 것을 보고 이제까지 보아오던 일들이 남의 일이 아닌 것 같아 걱정이 되었다.

♣ 2011년 7월 8일 금요일 비

아침에 아들네 집에 다녀오고 저녁때도 아기들과 놀아주기 위해 들렀다. 아기들과 큰 놀이터에 가서 노는데 큰 아이들이 거칠게 놀기 때문에 순간순간 가슴을 졸였다. 기헌이는 작은 놀이터에서 미끄럼을 탈 때는 잘 노는데 큰 놀이터에 가면 겁에 질려 행동반경이 좁아진다. 기웅이는 미끄럼틀에 올라갈 때도 미끄럼틀 가장자리를 붙잡고 악착스럽게 잘도 올라간다. 기헌이는 생각 없이 그냥 올라가고, 기환이는 끝까지 제 형을 챙긴다.

한날에 2, 3분 간격으로 태어난 아기들이 관심분야도 행동도 제각각이니 신기하다. 옆에 있던 아저씨 아주머니들이 아기들을 내려주기도 하고 말도 걸어서 사람들 틈에 있게 되니 좋다. 사람들에게 세쌍둥이에 대한 이야길 했더니 기윤이가 왜 형도 여기 있다는 말을 안 하느냐고 소리를 질렀다. 자존감과 욕심은 누구 못지않다고 생각되었다. 몸은 힘들어도 마음은 한없이 즐겁다.

♣ 2011년 7월 13일 수요일 비

아침에 아기들을 어린이집에 보내기 위해 아들네 집으로 간다. 오랜만에 집에 있는 연서를 챙기다보면 아침 시간 내기가 수월치 않다. 피곤하지 않은 날은 괜찮은데 어느 날은 아주 힘이 든다.

아기들이 아직 적응을 못해서 어린이집에서 제 엄마를 수시로 불러대어 점심도 못 먹이고 데리고 오는 때도 있다고 한다. 하루속히 적응을 해야 할 텐데….

♣ 2011년 7월 14일 목요일 비

오늘 아침도 나는 기윤이 유치원에 보내고 세쌍둥이 어린이집에 보내는 것을 거들기 위해 아들네 집으로 갔다. 인기척이 나자 내가 온 기미를 알았는지 기웅이가 환성을 지르면서 앞장서서 나오고, 기헌이 기환이가 차례로 나와서 반겨준다.

며느리는 밥도 못 먹은 채 아이들 밥 먹이랴 옷 갈아입히랴 정신이 없다. 그러면서도 내가 가져간 더덕장아찌와 계란찜, 뜨거운 미역국 통을 받아 들며 고맙다는 인사를 잊지 않았다.

바쁜 며느리 곁에서 아기들 옷 입히기, 기저귀 갈아주기를 하는 동안 어느새 신발을 든 기웅이가 빨리 나가자고 나를 재촉한다. 제일 힘든 일은 기윤이 밥 먹이고 시중드는 일이다. 또래에 비해 반에서 제일 작다는 기윤이가 안타깝다. 이제 저 혼자 밥 먹을 때도 되었건만 아직도 제 어미가 밥을 떠 먹여주어야 마지못해 남을 위해 먹는 것처럼 몇 술 받아먹는 게 고작이다. 자신이 동생들의 형임을 한시도 잊지 않는 녀석이 제 어미가 조금만 관심이 없는 듯 하면 사랑을 독차지하기 위해 투정을 부린다. 엘리베이터 안이나 밖에서 사람들이 "세쌍둥이인가 봐요?" 하고 물을 때면 제가 형임을 말해 달라고 작은 목소리로 주문한다.

나갈 준비를 마치면 기웅이가 제일 먼저 아파트가 떠나갈 듯이 큰 소리를 지르면서 앞장서 나간다. 태어날 때 제일 작게 태어나서 식구들의 애간장을 녹인 아이가 지금은 제일 씩씩한 아기로 자라고 있으니 정말 신기하고 감사하다.

어제도 어린이집에서 기환이가 제 엄마와 떨어지지 않으려고 하도 울어대서 오늘은 며느리가 기환이를 데리고 집으로 돌아갔다. 내가 혼자 기헌이와 기웅이를 데리고 어린이집으로 갔다. 기웅이는 친구들과 섞여서 씩씩하게 노는데 기헌이가 또 떠나가게 울어댄다. 차마 떨어지지 않는 발길로 서성이는 며느리에게 어린이집에 간 이상 신경 쓰지 말라고 이르고, 나는 시내로 가는 버스를 탔다.

♣ 2011년 7월 15일 금요일 비

비가 온다. 제 엄마를 떨어지지 않으려 하는 기환이에게서 물이 들었는지 오늘은 기헌이마저도 심상치 않다.

오늘 기윤이가 유치원에서 현장학습을 갔는데 저녁 7시 40분에 장월초등학교 앞에서 내려준다고 했다. 부랴부랴 학교 앞으로 갔는데 아무도 없다. 시간이 지나도 차가 오지를 않자 불안해진 나는 며느리에게 전화를 걸고 또 걸었으나 통화가 되질 않는다. 오도가도 못하고 있는데 30분이 지난 후에야 놀란 목소리로 전화가 왔다. 알고 보니 내려주는 곳이 다른 데였다.

보호자가 오지 않아 기윤이를 유치원에 데려다 놓았다고 한다. 나중에 제 어미가 데리고 왔는데 아이는 아이대로 얼마나 놀랐는지 눈물을 흘린 자국이 보였다. 전화기가 충전이 안 되어 생긴 일이라고 했다. 그전 같으면 집에 남은 세쌍둥이가 울고불고 했을 터인데 이제는 제 엄마를 별로 의식하지 않고 나와 잘 노니 다행이다. 늦은 밤 집에 돌아오면서 놀란 가슴을 쓸어 내렸다.

일주일 동안 아침저녁 유치원 차에서 내리는 기윤이를 마중해 주었는데, 비 오는 날만 보아달라는 며느리의 요청도 있고 스스로 해결하는 것도 공부라고 생각되어 맑은 날 등원시간에는 가지 않기로 마음을 정한다.

UNDER
STANDS
GAP

세쌍둥이 세상 나들이 첫걸음

온 가족의 정선공주 할머니와 부마 남휘 할아버지 묘소 참배 (창녕 부곡)

표충사 나들이

할아버지와 선우 삼촌과의 북서울꿈의 숲 나들이

여수 엑스포 나들이(2012년)

여수 엑스포 나들이에서 엄마와 함께

가족 여행

♣ 2011년 7월 16일 토요일 비

강화도로 가족 여행을 떠나는 날이다. 남편이 학교에 출근하면서 10시 30분에 떠날 준비를 하라고 했다. 아들도 출근을 했다가 오후에나 떠난다고 하더니 11시 30분에 출발하겠다고 연락이 왔다. 식사 준비는 내가 하기로 했다. 쌀과 김치, 장아찌류와 오리훈제, 순대와 찌개거리로 감자, 호박, 양파, 고추와 마늘, 파 등을 준비했는데 가서 보니 훈제고기를 김치냉장고에 넣어두고 깜빡 잊고 왔다. 그때의 황당함이라니 맥이 빠졌다.

강화도에서 남편이 장어구이를 사주어서 먹었다. 큰아들네는 저희들이 따로 간다고 했으니 우리끼리 먹으면서도 목에 넘어가지 않는다. 다른 식구들은 별로 신경 쓰지 않는데 어미인 나만 안쓰럽다. 어시장에서 샀으면 싼 가격에 온 식구가 배불리 먹었을 거란 생각에 내내 마음도 편치 않았다.

손자들이 컵라면을 먹는 걸 보니 더욱 미안하고 안타까운 생각이 들었다. 칼국수나 먹었으면 좋겠다는 아들 말에 나는 배가 고파 오다가 점심을 먹었다고 말하면서 식구가 많으니 저희들 먹고 싶은 것도 마음대로 먹지 못한다는 생각에 마음이 짠했다.

해신정이란 숙소에 짐을 풀어 놓고 바다에 가고 싶다는 기운이 성화에 못 이겨 비오는 동막 해수욕장에 나가니 모래사장엔 적지 않은 사람들이 신나게 놀고 있었다. 숙소는 큰 방 하나인데 주방 사이에 미닫이를 했다. 1층으로 테라스도 넓고 편해서 아이들과 함께 지내기에 더없이 좋은 곳이다. 주인아주머니가 무던해 보여 믿음직스러웠다. 집과 떨어진 마당 옆 창고엔 트랙터 등 각종 농기구가 갖추어져 있었다.

밤에 빗소리와 아이들 이야기소리에 잠이 깬 후 도무지 잠을 이룰 수가 없다. 우산을 들고 밖으로 나가니 논 한가운데서 맹꽁이 소리가 요란하다.

밤늦도록 옆방 젊은이들의 웃음소리와 이야기소리가 빗소리와 함께 어우러져 밤하늘로 퍼졌다. 사람소리는 소음으로 들리는데 자연이 주는 소리는 아주 순하고 정겹기까지 하다. 논 가까이에 가니 요란하던 맹꽁이 소리는 인기척에 놀랐는지 간 곳 없고, 집안에 들어서니 맹꽁이도 안심이 되었는지 다시 요란하다. 사람이 자신들을 해칠까봐 긴

장이 되었는지 인기척에 놀란 듯하다. 유럽인들이 아메리카에 입성했을 때 원주민들이 터전을 빼앗기지 않으려고 갖은 노력을 했다는 이야기가 떠올랐다.

♣ 2011년 7월 17일 일요일 비

아침에 일어나니 아기들 먹일 반찬이 마땅치 않아서 동막 해수욕장 근처에 있는 슈퍼에 가야겠다고 말하니 큰아들이 아무 말도 안했다. 둘째아들에게 말해도 요지부동이었다. 혼자서 걸어서 갈 요량으로 지갑을 챙기니 큰아들이 어디 가시냐고 묻는다. 가기 싫어하는 것을 안 이상 아무것도 아니라고 하고 집을 나서는데 속이 상했다.

마침 채소를 싣고 지나가던 한 아주머니가 차를 태워주어서 수월하게 갈 수 있었다. 20분은 족히 걸리는 비가 내리는 길을 걸어서 돌아왔다. 속이 불편한 나는 애꿎은 며느리에게 차가 두 세 대나 있으면 뭐하느냐고 화풀이를 했다. 미안했던지 며느리가 부지런히 움직였다.

어제 아들네가 아이들과 힘들 생각에, 남편과 딸이 드라이브를 가자는데 따라가지 못한 섭섭함이 컸다. 연서가 제 오빠 내외에게 전등사에 가고 싶다고 말했는데 자기들은 가지 않을 테니 다녀오라고 하더란다. 나에게도 함께 가자고 했다. 그러면서 나중에 섭섭해 하지 말고 도움이 필요할 때는 강하게 요구를 하라고 했다. 나는 망설이지 않고 따라나섰다.

기윤이와 한 약속 때문에 남편과 딸과 함께 해수욕장에 갔다. 처음에는 모래밭에 서지도 않던 아이들이 시간이 지나자 잘 놀았다. 게와 조개를 잡은 어떤 아저씨가 집에 가면서 우리에게 그것들을 주고 갔다. 기윤이도 신기해서 모래성을 쌓으며 재미있게 아기들과 놀았다.

각자 돌아가기로 하고 차에 탔다. 길에서 아들 차를 만나니 반가움뿐이다. 가족이란 그런 것인가 보다. 서운함은 잠시, 측은함은 오래 남는 것. 오다가 며느리에게 전화를 걸었다. 우리 칼국수 먹고 갈 건대 너희들도 함께 가자고 했다. 식사를 마친 며느리가 그렇지 않아도 저녁을 어떻게 해결해야 할지 고민이 컸다고 털어놓았다. 아들 내외의 잘 먹었다는 인사에 포만감이 한층 컸다.

세쌍둥이가 태어난 뒤로 어딜 가나 사람들의 관심이 쏠린다. 아이들이 똑같이 생긴 데 놀라고, 음식점에서도 얌전한 데 한 번 더 놀란다. 행복한 가족나들이였다. 가는 곳마다 웃음을 선사하는 귀염둥이들 덕분이다.

다시 시작되는 아침 풍경

♣ 2011년 7월 18일 월요일 흐림

비 오는 날에는 아침시간에 아이들 유치원과 어린이집 보내는 걸 도와달라고 했다. 오늘은 날이 흐리긴 해도 비가 안 와서 아들네 집에 가질 않았다.

저녁때가 되니 아이들이 궁금해서 전화를 하니 아침에 차 시간을 맞추지 못했단다. 그래서 아기들 먼저 어린이집에 보내고, 기윤이는 따로 유치원에 데려다 주었다고 한다. 마음이 아팠지만 그것도 공부라고 말해 주었다.

연서와 길상사에 다녀오는 등 바쁘게 지내다 보니 저녁에도 아이들을 보러 가지 못해서 궁금증이 일었다.

공연히 며느리에게 미안하기도 하고 제 할 일을 못한 것 같아 마음이 편치 않다. 내일 저녁엔 아기들과 놀아 주어야지.

♣ 2011년 7월 19일 화요일 쾌청

오늘도 날이 쾌청해서 아침에 우리 집에 있기로 한다. 아침저녁으로 다니기에도 버겁고, 이제 그애들도 어지간한 일은 스스로 할 수 있다는 생각에서다.

오늘은 늦지 않고 제대로 잘 보냈다고 했다. 연서가 집에 있으니 신경도 쓰이고 할 일 또한 적지 않다. 놀아도 힘든 것, 그것이 아마도 나이든 탓이 아닌가 싶다.

연서와 세미원에 다녀왔더니 저녁에 아이들과 놀아주러 가기도 힘들었지만 그래도 들러서 놀아주었다. 특히 기헌이가 나를 보자 대환영이었다.

아이들을 데리고 놀이터에 나가서 외할머니가 보아주는 19개월 된 사내아이를 만났다. 우리 아이들보다 덩치도 크고 씩씩해서 부러웠다. 거기다가 우리 아이들은 아래가 짓무르도록 기저귀에서 벗어나지 못하는데 그 아이는 쉬까지 가리니 부럽다. 며느리도 그 이야기를 듣고 자극이 되었는지 우리 아이들은 언제나 가릴까 걱정이란다.

어쨌든 다른 사람들의 이야기를 들어봐야 배우는 점이 있다. 저녁에 집에 올 때 할머니가 집에 가거나 말거나 기환이는 별 신경을 쓰지 않는데, 기웅이는 손을 흔들며 인사를 하고, 기헌이는 크게 우는 소리가 엘리베이터 앞에까지 들렸다. 그 사이 정이 들었나보다. 안쓰럽기도 하고 나의 존재감이 느껴져 한편 기쁘기도 했다.

♣ 2011년 7월 20일 수요일 맑음

내가 즐겨 시청하는 TV프로 아침마당에서 '형제는 제일 먼저 만나는 라이벌'이라는 프로를 방송했다. 출연자 대부분이 장남 장녀인데 외둥이와 막내, 쌍둥이 자매도 함께했다.

유명세를 타는 가수로 막내동생이 먼저 결혼하는 것을 지켜보면서 잘살아주기만을 간절히 바라는 맏언니의 고운 마음과, 짓궂은 남동생에게 여러 가지 괴롭힘을 당하면서도 다른 남자아이들이 누나를 놀리자 편을 들어 기사도 정신을 발휘하던 동생의 고마움을 두고두고 잊지 못하는 누나 이야기, 맞벌이하는 부모를 둔 형이 어린 나이에 먹고 싶은 빵을 먹지 않고 동생에게 주는 것과 그 눈물 젖은 빵을 혼자 먹지 않고 형과 나누어 먹은 이야기, 3분 차이로 태어난 일란성 쌍둥이 자매로 언니에게만 집중된 부모 사랑을 시샘해 왔으나 성장해서는 같은 일을 하면서 서로 도움을 주는 이야기들이 감동을 주었다.

세쌍둥이 동생들을 끔찍이 사랑하면서도 자기도 쌍둥이였으면 좋겠다며 시샘을 하는 맏손자 기윤이 생각이 났다. 온 가족의 관심과 사랑을 독차지하던 아이가 뜻하지 않은 세쌍둥이 동생을 만남으로 겪는 설움과 좌절감이 얼마나 클까를 생각해 보았다. 어디를 가든 세쌍둥이에게만 관심이 집중되는 것을 지켜보면서 제 엄마에게 “형도 있다.”고 말하라고 한다. 제 존재가치를 알리는 노력을 끊임없이 계속하는 걸 지켜보는 마음이 참 안쓰럽다.

어렸을 때부터 제 부모의 사랑이 워낙 유별났기에 할머니인 내가 가까이하려고 노력해도 나는 안중에도 없어서 때로 안타깝게 한다. 나를 잘 따른다면 어디든지 데리고 다니며 견문을 넓혀주고 싶었다. 제 부모도 나름대로 노력을 하는데도 잘 안 되는 모양이다.

요즘에는 게임에 빠져 지내면서 마음대로 안 되면 신경질을 부리는 아이가 안쓰럽고 안타깝다. 여섯 살 어린아이에게 승부욕을 불어넣어 준다는 의도로 게임을 부추기는 제 아비도 원망스럽기는 마찬가지다. 동생들에게 밀린 상실감과 관심을 딴 데로 돌리려는 아비의 의도는 알겠는데, 내 상식으로는 승부욕 이전에 인격형성과 심성이 우선이라고 생각한다.

세쌍둥이에게도 나름대로 피해의식을 갖지 않도록 사랑을 나누어 주려고 노력은 하지만, 정말 딱한 건 기윤이다. 그 아이에게 장구,

사물놀이, 기타를 가르쳐주고 한문도 가르쳐 줄 수 있는데 나를 싫어하니, 언제쯤이나 이 할미를 따를까. 여섯 살이 되기까지 누구보다 고품격의 언어를 구사하는 것이 나의 소망이었는데, 요즘 서슴없이 흘러나오는 "죽여 버릴 거야!"라는 말을 들을 때면 가슴이 서늘해진다.

♣ 2011년 7월 21일 목요일 맑음

연서의 출국을 앞두고 평창 휘닉스파크로 아들네와 가족여행을 떠났다. 날씨는 쾌청하고 차는 잘 달렸다. 남편과 선우는 직장 때문에 함께하지 못한 아쉬움이 있지만 8명이 한 차로 가니 좋다. 우리 세쌍둥이는 어려서부터 차를 타는 것에 이골이 났는지 각자의 카시트에서 의젓하게 자리를 지킨다.

목적지에 도착할 무렵 기헌이가 나의 무릎에 앉아서 갔다. 언제부터인가 기헌이가 나를 아주 좋아한다. 장남 기윤이가 나를 가까이하지 않는 점이 민망했는지 며느리가 압박과 설움에서 해방되었다고 말해서 한바탕 웃었다.

첩첩산중에 호텔을 포함한 콘도가 여러 동 있었다. 베란다 유리창 너머로 높은 산에 잔디가 깔린 스키장과 널따란 야외수영장에는 맑은 물이 출렁인다. 다만 요금이 너무 비싸 이용하는 사람이 두어 명밖에 없어서 썰렁하다. 우리도 수영복 준비를 해왔으나 엄두를 내지 못하고 텅 빈 수영장만 아쉽게 바라만 보았다. 모두 함께 물속에서 놀면 얼마나 좋았을까 생각된다. 반 달치 수영회비가 여기서는 하루치밖에 안 된다는 것은 모순이다.

실내에서 바라다본 태기산의 푸른 숲과 잘 정리된 잔디밭을 보는 것만으로도 눈과 마음이 시원해져서 피로가 싹 가셨다. 점심을 먹고 아들과 딸은 잠이 들고, 며느리와 손자들을 데리고 산책을 한다. 풀밭에서 솔방울도 줍고 신발 멀리 차기를 하면서 재미있게 놀았다.

한참 놀고 있는데 우리를 유심히 지켜보던 아이스크림코너 아저씨가 요즘 한창 인기인 방울 아이스크림 네 개를 가지고 오셨다. 기저귀 부대 아기들이 너무 예뻐서 가져왔노라며 내민다. 미안해서 사양했지만 결국은 받아 맛있게 먹었다.

기윤이가 다 먹어서 기헌이에게 형 좀 주라고 했더니 몇 숟갈을 퍼준다. 기환이는 통째로 다 주었는데 막내 기웅이는 들은 체도 하지 않고 혼자 다 먹는다. 아이들이 솔방울을 하나 씩 가지고 놀 때도 기웅이는 한 움큼씩 쥐고 놀았다. 역시 막내라 어리광도 제일 많고, 떼도 가장 심하고, 욕심도 많다.

아이들에게 고추잠자리와 방아깨비를 잡아서 보여주니 신기해하고 즐거워한다. 특히 기윤이가 아주 신기해하고 좋아한다. 아기들은 누군가 어떤 행동을 하면 모두 따라서 하는 특성이 있다. 하나가 업히면 나도 나도 업어 달라 하고, 하나를 안아주면 모두 팔을 벌리며 안아달라고 해서 난감하다.

이른 저녁을 먹고 아들내외와 손자 둘이 쉬는 동안 기헌이와 기환이를 유모차에 태우고 연서와 함께 산책을 나갔다. 하늘정원 주위를 돌다 음악소리가 나는 쪽으로 가니 기타에 맞춰 노래를 부르고 있었다. 한동안은 쭈뼛거리던 아이들이 분위기가 무르익자 몸동작과 고갯짓을 하면서 잘도 놀았다. 특히 평소에 조용한 기환이가 음악소리에 몹시 즐거워했다.

밤공기가 차가워져 들어가자고 했지만 두 아이들은 싫다고 고개를 흔들었다. 여자아이가 하나가 우리 아이들에게 무척 관심을 보였는데

주문진해수욕장에서

제 아비를 닮았는지 목석처럼 반응을 보이지 않아서 민망했다. 숙소에 들어가니 제 어미가 아기들이 추워서 어떻게 하느냐고 호들갑이 심했다. 제 고모와 정이 든 아이들이 고모 곁에서 떠날 줄 모르고, 잠도 한방에서 잤다. 집에서도 못자는 잠인데, 나는 거의 뜬눈으로 새웠다.

♣ 2011년 7월 22일 금요일 맑음

연서가 와 있는 동안 내내 비만 오더니 돌아갈 때쯤 되니 화창하다. 마치 선물처럼 생각되었다. 무슨 일을 할 때 날씨 좋은 것도 큰 부조라더니, 연서도 여간 좋아하는 게 아니다.

오늘은 주문진 해수욕장에 갔다. 출국 준비를 해야 하는 연서와 내일 문인협회 행사에 참석해야 하는 나만 먼저 돌아오기로 한다.

조반을 먹는 동안 연서와 둘이 잠깐 계곡으로 산책을 나갔다 왔더니 아이들 셋이서 밖에 나가자고 유모차 두 대를 서로 타겠다고 쟁탈전이 벌어지고 있었다. 할 수 없이 유모차 없이 제 어미와 여섯이서 밖으로 나갔다. 만나는 사람들마다 신기하고 아기들이 예쁘다고 한마디씩 했다. 한 아저씨는 손자들을 낳아준 며느리에게 무슨 선물을 해줬느냐고 나에게 물었다. 웃음을 선사했다고 하니 며느리가 "어머니께서 날마다 선물을 주신다."고 대답을 했다. 며느리가 참으로 말도 예쁘게 한다.

아들은 제가 세쌍둥이 아버지인 것이 부끄럽다고 나에게 말했다. 어렸을 때부터 남의 눈에 띄기를 싫어하더니 지금까지도 그런가보다. 얼마나 자랑스러운데, 그런 생각은 하지 말라고 했다. 그 아이들이 앞으로 어떻게 클지 모르는데 무슨 쓸데없는 소리냐고 했더니 "그렇겠죠?"라면서 마음을 추스르는 듯했다.

모래가 곱고 물이 맑은 주문진 해수욕장은 모래사장이 길게 뻗어있다. 산더미 같은 파도가 밀려와 옷이 모두 젖어도 사람들은 모두 웃고 좋아했다.

백사장에서 모래성을 쌓고 새끼 새우를 잡으며 어른도 모두 아이가 된다. 세상근심 다 잊고 아이들과 함께 노는 진우도 지금은 동심으로 돌아가는가 보다.

연서는 출국준비를 해야 하고 나 또한 문인협회 홍보회의 상견례를 해야 하기에 아들네 가족과 헤어져서 고속버스를 타러갔다. 시간이 촉박하여 점심을 간식으로 때우는 것이 안쓰러운지 진우가 컵라면이라도 드시라고 했다. 버스를 타고 오는데 겹겹이 병풍처럼 둘러쳐진 산의 두께가 얼마나 두텁고 푸른지, 흐르는 냇물과 호수가 한데 어우러져 그림처럼 펼쳐져 있었다. 명경지수와 아름다운 산이 알프스를 연상시켰다.

♣ 2011년 7월 24일 일 비

남편은 고등학교 동창 산악회에 간다고 도시락을 싸라고 한다. 선우가 공항까지 승용차로 연서를 배웅해 준다고 하니 남편도 마음을 바꾸어 공항에 함께 간단다. 딸을 배웅해 주고 싶은 맘이 있었다면 왜 처음부터 나서지 않았냐고 참지 못하고 한마디하고야 말았다.

모든 수속을 마치고 헤어져야 할 시각이 되었다. 부모가 준 이름까지도 헌신짝처럼 버린 아이, 어려운 환경에서 고생고생하면서도 비자 연장을 했던 딸아이가 이젠 제가 원하는 자격증을 취득해서 직장까지 얻었다. 스스로 심경의 변화가 없는 한 우리나라에서 함께 살지 않을 것 같아 눈물이 났다. 자식의 마음은 그 어미가 잘 아는 법이다. 딸이 이 나라를 떠나는 마당에 앞으로 만나고 싶은 때마다 만난다는 보장은 없는 것, 아무튼 어디서 살든 건강하게 원하는 삶을 살기만 바랄 뿐이다.

마음이 울적해서 인천대교나 가봤으면 좋겠다고 하니 남편이 내친 김에 용화사에 들러 어머니를 뵙고 가자고 했다. 용화사 참선방에 갔더니 점심 공양시간이어선지 텅 빈 공간뿐이다. 법보전에 올라가니 신랑신부가 평상복차림으로 결혼식을 올리고 있었다. 문득 다비식에서 평소에 입던 가사 장삼을 입은 채 한줌 재로 남은 법정스님 생각이 나서 마음이 숙연해졌다. 호화 결혼식으로 온 나라가 들끓는 마당에 새 옷도 걸치지 않고 새로운 출발을 하는 젊은이들이 아름다워 보였다.

결혼식장의 단출한 하객 가운데 뒤에서 열심히 합장하며 복을 빌어주는 자그마한 분이 계셨는데 나의 어머니의 뒷모습이었다. 우리 어머니께서 이렇게 살고 계시구나 하고 생각하면서 어머니를 품에 안았다. 이유 없이 흘러내리는 눈물의 의미를 알 수 없었다. 남편이 어머니 손에 용돈을 쥐어드리자 아들도 할머니께 공손히 용돈을 드렸다. 그 모습이 참 흐뭇하다.

♣ 2011년 7월 25일 월요일 비

남편이 빗길에 출근할 일이 심란하다면서 소파에 편안히 누워있는 나를 부러워한다.

아차, 아이들 집에 가는 일을 순간 잊은 것이다. 깜짝 놀란 나도 빗속으로 뛰어나갔다. 비 오는 날은 기윤네 유치원과 어린이집 가는 일을 도와주는 날인 걸 깜빡 잊고 있었다.

아파트 1층에 있는 어린이집을 살짝 들여다보니 우리 손자 두 녀석이 유리창 너머로 서 있는 모습이 보였다. 그리고 아들네 집으로 가려고 엘리베이터 앞으로 가니 며느리와 기윤이가 유치원에 가려고 내려와 있었다. 며느리에게 어린이집에 있는 아이들이 잘 놀더란 말을 했더니 제가 데려다 줄 때는 울었다고 했다.

저녁 때 며느리가 혹시 어머니 혼자 저녁 드시게 되면 저희 집에서 함께하면 어떻겠느냐고 전화를 했다. 마침 저녁을 들고 오겠다는 남편의 전화를 받은 후여서 해남에서 선물로 받은 감자 한 상자를 손수레에 싣고 갔다. 감자가 많다고 며느리가 놀랐다. 여름 반찬으로 감자만한 것도 없지 싶다.

따끈한 밥에 고등어구이가 얼마나 맛있던지 금세 밥 한 공기를 뚝딱 비웠다. 놀이터에 가는 길에 상훈네 집에 들러서 놀았다. 상훈아빠가 기헌이와 기웅이에게 새돈 1000원씩을 주셨다.

놀이터에도 아이들이 없고 집에 가니 문이 잠겨 있어서 큰 놀이터로 가니 우리 아이들이 내 목소리를 듣고 막 뛰어왔다. 어린 기환이가 내 목소리를 어떻게 알고 달려온 것일까. 초등학교 2학년짜리 아들을 두었다는 아저씨 한 분이 어찌나 우리 아이들을 예뻐하는지.

집에 오니 기윤 엄마가 순식간에 아이들 샤워를 시켰다. 아들 4형제가 나란히 누워 제 엄마를 얼마나 짓이기는지, 강아지들이 즐겁게 노는 것 같았다.

두 돌 맞은 세쌍둥이

♣ 2011년 7월 29일 금요일 맑음

세쌍둥이가 태어난 지 벌써 2돌이다. 태어날 때의 모습부터 파노라마처럼 빠르게 지나갔다.

뱃속에 아기들을 어떻게든 더 있게 하려고 주사를 계속 맞으며 병원에 입원해서 밤을 새워 간호했던 일, 손과 배를 만져주며 시중들던 일, 입원한 지 이틀이 지나자 청주에 간 아들이 오기를 기다리다가 어쩔 수 없이 분만실에 들어간 다음에야 아들이 도착한 일, 순산과 제왕절개 등 양방향으로 노력한 병원 측의 정성으로 세 녀석이 2,3분 간격으로 순산해서 기뻤던 일, 아기들을 인큐베이터 안에 두고 안 떨어지는 걸음으로 한여름에 오들오들 떨면서 며느리를 퇴원시켜 청주로 내려가던 일. 아기 보는 도우미아주머니가 기윤이를 집으로 데려가서 보아주던 일, 아기들에게 모유를 먹이겠다고 고속버스의 퀵 서비스로 모유를 공수했던 일 등등.

밤낮으로 사람을 써도 저희들끼리 감당이 안 되어 서울로 이사 온 일, 당신이 큰 도움이 되는 줄 알고 나의 만류를 뿌리치고 아침식사만 끝나면 달려가셨던 어머니, 결국 마음의 상처를 받고서야 그만 두셨던 어머니 일이 아픔으로 남았다, 90세 노인이라 자기 고집이 유난히 강하신 분, 안 가시는 이유를 남의 탓하지 않고, 자기 자신에게로 돌린 멋진 분이기도 하다. 잠시 소원했던 일. 내가 심하게 아팠던 일, 아기들을 두고 며느리가 미국에 갔던 일, 지금은 아기들이 어린이집에서 적응을 잘하고 있는 일 등이 일시에 빠르게 지나간다.

아기들이 탈없이 무럭무럭 자라서 이제 자기의 의사 표시까지 하는 지금이 오직 감사할 따름이다. 처음엔 아기들 살림이 너무 많아 정신이 없었지만 지금은 거실도 헐렁하게 잘 정돈이 되어 훨씬 쾌적한 공간이 되었다.

나의 손길이 필요한 때면 몸을 아끼지 않고 놀아 주니 아기들이 반기는 할머니가 되었다. 그토록 나를 멀리하던 큰손자도 이제는 나의 관심을 받으려고 나름대로 노력하는 모습을 보이니 인생의 전성시대를 살고 있는 것이 아닌가.

두 돌 생일을 맞은 기헌 기환 가웅

며느리도 아기들이 어린이집에 있는 동안 인생을 재충전하는 시간을 마련하기를 바란다.

♣ 2011년 8월 1일 월요일 흐림

유치원과 어린이집이 방학이다. 그래서 내가 아기들과 놀아주기로 했다. 아침에는 이마트 유료 어린이놀이터에 가서 미끄럼도 태워주고 여러 놀이를 하면서 즐겁게 보냈다. 다른 아이들은 잘 노는데 기현이가 겁이 많다. 누구보다 씩씩할 것 같은데 안타깝다. 차츰 나아지겠지.

점심때가 되어서 며느리가 나는 불고기 정식을 사주고 저희는 돈까스 정식을 시켰는데 며느리는 속이 좋지 않다고 밥과 돈가스를 많이 남겨서 안타까웠다. 내 것은 시키지 않아도 될 뻔했다. 앞으로 가족과 나갈 때 신경 쓸 부분이다. 가끔 며느리가 속이 좋지 않다고 하니 근심이 이만저만이 아니다. 신경성 위장염이 아닐까 염려도 되고, 빨리 병원에 가봐야 하는 게 아닌가 싶기도 하다.

오후에는 수영을 다녀왔다. 마침 아기들이 낮잠을 자는 시간이라 편안히 다녀올 수 있었다. 내일이 증조할아버님 제사라 시장을 보아놓고 부지런히 아들네 집에 다시 갔다. 기윤이가 어린이놀이터에 가자고 조른다. 아기 하나를 네가 맡아야 갈 수 있다고 하니 그렇게 하겠단다.

아기들을 걸려서 놀이터에 갔다. 저희들 고집대로 이리저리 돌아다니고 탈 것을 타는지라 어디로 튈지 몰라 진땀을 흘리고 있는데 아들 내외가 놀이터에 도착했다. 아기들이 소리를 지르며 좋아하면서 제 아비 품으로 뛰어갔다. 세상에 공짜가 없다는 말이 맞는 것 같다. 아기들이 나에게 미련 없이 손을 흔들면서 저희 집으로 돌아가는 모습이 훈훈했다.

♣ 2011년 8월 3일 수요일 비

아침에 김밥을 사들고 아들네 집에 갔다. 온식구들이 잠이 덜 깬 상태다. 10시부터 문을 여는 이마트에서 아이들과 충분히 놀리고 와야 잠을 충분히 재울 수 있는데 어쩌겠는가. 기다리는 수밖에. 아이들이 그저께 왔던 곳이라선지 별로 재미있어 하지 않는다.

이마트에 도착한 게 10시 50분이었는데 한 시간쯤 놀더니 칭얼대기 시작한다. 양해를 구하고 밥을 먹이고 들어가니 10분을 못 견뎌한다. 기헌이는 여전히 겁이 나서 미끄럼을 못 타는데, 마음대로 되지 않는다.

내가 사간 김밥 세 줄로 대충 점심을 때우고 돌아왔다. 며느리가 불편할까봐 수영장까지 차를 타고 간다고 했다. 며느리가 기윤이에게 할머니 오시지 말라고 전화해야겠다고 말하니 오시라고 하더란다. 그래도 내가 제 집에 가면 좋은가보다.

"아버님이 제사 음식하느라 수고했다고 문자를 보내주셔서 기뻤다."고 며느리가 말했다. 아이들도 건강하게 크는 게 고맙다고 하더란다. 진우네 집에 있는데 진우는 일찍 퇴근한다고 하고, 선우도 일찍 온다고 전화가 왔다.

집에 오려고 나서는데 기윤이가 놀이터에 가고 싶어 해서 데리고 나왔더니 기헌이가 울며 따라나왔다. 함께 데리고 조금 놀고 있는데 진우가 회사 차로 퇴근하다가 나를 우리 집에까지 태워다 준다. 고맙다는 인사를 잊지 않았는데, 뿌듯했다.

기윤이가 장난감을 나에게 맡겼는데 집에 와서 보니 내 짐 속에 있었다. 빨리 가져오라고 성화이다. 기어이 삼촌이 갖다 주었다. 가까이 사니 좋은 점이 많다.

♣ 2011년 8월 10일 수요일 맑음

아이들이 머리를 박박 깎았다고 해서 수영 끝나자마자 갔더니 얼마나 밤톨처럼 동글동글 예쁜지 몰랐다. 어린이집에 함께 가서 아이들을 데리고 왔다.

으레 나만 보면 놀이터에 가는 줄 알고 나가자고 한다. 큰손자의 말을 거역할 수 없는 며느리도 내 뒤를 따라 나와서 함께 놀았다. 역시 밖에 나오니 시원하고 좋다. 나 역시 밖이 좋으니 자연히 밖에서 지내는 시간이 길어진다.

♣ 2011년 8월 21일 일요일 맑음

며느리에게 오늘 일정이 어떤지, 우리 집에 오지 않겠느냐고 물을까 말까 하는데 때마침 며느리가 전화를 했다. 지금 북서울 꿈의 숲 미술관 앞 개울로 가려는데 오시지 않겠느냐고 한다. 마음이 통했다. 얼마나 반가운 일인지 모른다.

어머니와 선우도 점심을 함께 먹었는데 휴대전화를 놓고 나간 남편이 원망될 무렵쯤 돌아왔다. 어머니가 진지를 잡숫고 계시니 함께 먹으라고만 말하고 그대로 나왔다. 시간은 쏜살같이 흘러가는데 남편 시중들다 시간만 놓치겠다는 판단이 섰기 때문이다.

조금 물놀이를 하던 아이들이 낮잠 잘 시간이 되자 보채기 시작했다. 아들이 땀을 뻘뻘 흘리며 갈무리를 해서 차에 온 식구가 타고 아들네 집으로 갔다. 아기들이 쓰러져서 잠이 드는 걸 보니 아들 며느리도 좀 쉬어야 할 것 같아서 집으로 돌아오려고 하니 어머니도 주무시라고 한다.

그냥 아들네 집에서 잠시 쉬고 싶었지만 집에 남겨두고 간 식구들이 있으니 쉴 형편이 못된다. 아들네 집에 가면 집에 남은 가족들이 못 미덥고, 집에 있으면 마음은 또 아들네 집에 머물고 있다.

♣ 2011년 8월 22일 월요일 맑음

어머니와 둘이 있는 시간은 항상 긴장이 된다. 동네 놀이터에 가면 운동기구도 있고 사람들이 많을 거라고 말씀드렸더니 그 말을 새겨들으셨나보다. 수영을 다녀왔는데 어머니 모습이 보이지 않아 전화로 물으니 네가 좋다고 해서 공원에 와 있다고 하신다. 며느리들이 낮에는 시어른들이 안 계시면 왜 좋아하는지 알 것 같다.

어머니가 5시 10분경에 오셨다. 저녁을 차려드리고 부랴부랴 아들네 집에 갔는데 며느리의 셋째 형부가 돌아가셨다는 전화가 왔다.

아들이 함께 문상을 가자고 해서 둘이서 갔다. 형부가 오랫동안 조선일보 정치부 기자생활을 해서인지 인맥이 산을 이루었다. 현직 대통령 화환으로부터 여당의 실세들의 흔적이 곳곳에 눈이 띄었다. 그러나 인생무상, 이 세상에 머무르는 동안 화려하게 살았지만 50세에 가면서 자식 하나 남기지 않고 혼자 남은 미망인이 너무 안타까웠다.

아기들과 잠시 노는 동안 기윤이는 잠을 자고 있었는데 먹던 쌀과자를 제 형 입에 넣어주고 있는 기환이가 여간 귀엽지 않았다. 기헌이가 가지고 놀던 장난감을 기웅이에게 빼앗기자 기웅이 머리통을 한 대 때리고, 이어서 기환이도 기웅이 머리통을 한 대 때렸다. 내가 말리지 않았더라면 어떻게 되었을까. 다행스러운 것은 제 잘못을 깨달았는지 기웅이가 울지도 않고 머리통을 만지며 나에게로 달려왔다.

내가 안타까웠다고 제 아비에게 말하니 아무렇지도 않은 듯, 기웅이가 맞을 짓을 했다고 말했다. 기준이 확실하니 믿을 만하다. 기준에 위배되지 않으면 되는 것이라고 말해주었다.

♣ 2011년 9월 1일 목요일 맑음

오늘은 가을학기 들어 수필교실 첫 시간이다. 신입회원이 세 명이나 되었다. 선생님께서 강사소개를 한다고 칠판에 한문으로 성함을 쓰시곤 인터넷으로 검색을 하라셨다. 순간 멋지고 부러웠다. 나는 남은 생의 어디쯤이나 그런 일이 있을까 싶으면서도 한순간 망상을 해봤다. 평생을 갈고 닦아 오신 삶의 결과인 것을 노력도 없이 한순간 부러워했으니. 열흘 동안 스페인에 다녀오셨다는데 검게 탄 모습이 건강해 보였다.

스페인의 교육제도에 대한 이야길 잠시 해 주셨다. 전 국민이 사교육비를 퍼 부으면서 아까운 시간과 재원만 낭비하느니 어릴 때부터 개개인의 특성을 발견하여 특성을 살려 준다면 각 가정이 얼마나 윤택할까 싶었다. 주부들이 마음만 돌린다면 어린이들도 행복한 어린 시절을 보낼 것이고, 필요 이상의 재원을 낭비하지 않을 것이다.

아이들 안 본 지 3일이나 되었다. 아들네 집에 들렀다. 제 엄마가 할머니 오셨다고 큰 소리로 말해도 아이들이 하던 일을 쉬이 그만 두지 않는다. 민망해진 제 어미가 다시 한 번 할머니 오셨다고 하니 제일 먼저 기헌이가 와서 안긴다. 기웅이는 겸연쩍은지 손가락을 입가에 대고 온다.

3일 동안 못 봤다고 할미를 벌써 잊었나해서 서운하다. 아이들은 정직하니까 느끼는 대로 행동하겠지.

그동안 네 아들에게 얼마나 시달렸는지 며느리가 핼쑥하다. 내가 있어도 아이들은 제 엄마에게만 달라붙어 저희들끼리 티격태격하면서 제 엄마를 가만 두지 않고 일만 쌓아놓는다. 내가 설거지라도 해주려 하면 며느리는 못하게 한다. 내가 아기들과 놀아주는 동안에 비로소 며느리는 밀린 일 하느라 바쁘다.

이제야 평온한 일상으로 돌아왔다. 며느리에게 그동안 전화 한 통 하면 안 되느냐고 물으니 어머니가 오실 줄 알고 그랬단다.

나는 시고모님께서 내가 종부라고 가끔 걸어주시는 전화만 받았던 일이 생각났다. 며느리도 그래서였나. 늦은 저녁 아들이 퇴근하여 바턴터치를 하고 우리 집으로 돌아왔다.

부부가 합창으로 내 등 뒤에 대고 "감사합니다 어머니. 안녕히 가세요." 하는 소리가 여운을 남기고 따라온다.

일요일부터 4일 동안 아들이 일본 출장을 간다고 며느리가 말했다. 그럴 때 나는 어떻게 해야 되냐고 물으니 그냥 평소대로 하시라고 한다. 나는 수시로 며느리에게 내가 어떻게 해야 하는가를 물으며 살고 있다. 보이지 않는 사람의 마음을 헤아리기는 실로 어려운 일이다. 상대가 며느리이고 보면 더욱 그렇다.

이른 아침에 연서에게서 전화가 왔기에 젊은 사람 마음은 젊은 사람이 잘 알 터이니 네 올케에게 어떻게 해줘야 하느냐고 물었다. 원하는 만큼만 해주고, 엄마가 힘이 부치거나 하기 싫을 때는 억지로 하지 않아도 된다는 명쾌한 답을 들려준다. 엄마의 주체는 엄마라는 것, 상대방에게 너무 맞추려 하지 말고 마음이 시키는 대로 편하게 살란다.

추석 음식 만들기

♣ 2011년 9월 10일 토요일 맑음

오늘 추석음식을 하기로 했다. 꽂이를 하려고 재료를 사러갔다가 솔잎을 안 넣고 송편을 쪄도 된다는 것을 배웠다. 이제는 추석 전에 미리미리 조금씩 솔잎을 채취하여 냉동실에 보관해 야겠다고 생각했다. 며느리가 전을 부쳐오기로 했는데, 아기들이 병이 났다고 하소연이다. 내가 할 테니 염려 말라며 마음을 편안하게 해주었다.

전과 송편, 식혜를 만드느라고 아들네 집에 며칠 못 갔다. 그렇지 않아도 며느리는 미안해했다. 조금씩만 서로 양보하고 아껴주면 될 일을 가지고 명절 뒤끝에 이혼이 는다고 하지 않는가. 명절 음식 때문에 이혼하는 것은 서로가 노력하지 않은 결과다. 요즘 여자들처럼 자기주장만 하면 일찍이 우리나라는 없어졌을 거라는 생각이 들었다.

헌신해서 살아온 우리 또래의 주부도 나와서 그렇게 인터뷰를 했다. 남편은 아침에 솔밭산악회에 다녀오더니 네 활개를 펴고 잠만 잔다. 그렇지 않아도 잠만 자는 사람이 요즘엔 더 많이 피곤한가 보다. 집에서 유일하게 하는 것이라곤 족보를 살펴보는 일과 잠자는 모습뿐이다.

연서가 국제전화를 걸었는데 왜 그리 엄마 목이 쉬었느냐고 걱정을 한다. 일을 나누어 하라고 하는데 나는 할 일을 남과 나누려고 하지 않는다. 내가 할 일 때문에 아들네나 시동생네가 피곤하면 안 된다는 것이 나의 철학이다.

♣ 2011년 9월 11일 일요일 비

어제부터 추석 연휴가 시작되어서 귀성전쟁이다. 그래도 우리나라의 미풍양속이어서 마음이 포근하다. 일찍들 오라고 했더니 진우네도 현우네도 일찍 집에 도착했다.

이미 음식은 모두 만들어 놓았으니 이제부터는 가족끼리 즐겁게 놀면 되는 거였다. 예린 엄마는 친구가 있어서 저녁에 친구네 집으로 갔다. 우리 아이들이 얼마나 잘 뛰어 노는지 그 모습이 참으로 어여쁘다. 아이들도 이제는 생각이 말짱해서 잘 가르쳐야 한다는 게 아이들 할아버지의 지론이다. 늦은 저녁에 남편과 아들 진우, 조카 현우는 진우네 집에 가고, 선우는 작은아버지와 함께 잔다고 가질 않았다. 다리 아픈 사람을 데리고 차까지 태우는 수고는 시키고 싶지 않았다. 이불을 펴놓으니 아이들이 얼마나 방 가운데서 잘 뛰고 노는지 귀엽기 짝이 없다. 아기들이 전도 잘 먹고 공놀이도 하면서 어울려 잘 논다.

나와 예린 엄마, 예린이는 마루에서 잠을 잤다. 연서가 전화를 했기에 시동생도 바꾸어 주었다. 둘이서 한참을 통화하더니 나중에 한국에서 만나자고 하면서 나에게 전화기를 건네준다.

연서가 한국에 돌아오기로 한 건 아주 잘한 일이다. 심사숙고 한 끝에 결정을 하고 그러면 언제나 미련 없는 연서가 참 대견하다.

♣ 2011년 9월 12일 월요일 맑음

드디어 추석이다. 진우네서 잠을 잔 식구들이 집으로 들어왔다. 남편에게 잘 주무셨느냐는 물음에 잘 잤다면 기분 좋은 대답이다. 대전 서방님이 좋은 것으로 골라 밤을 까서 가지고 왔다. 정성을 다해서 까더란다. 나는 시아버님 제사 것까지 따로 남겨놓고 차례 상에 올릴 준비를 했다.

모두들 후손들이 정성을 다하여 모시니 조상님들이 얼마나 흐뭇하시겠는가 싶다. 아기들까지 모두 한복을 입고 입장을 하니까 두 줄이 빽빽하였다. 참 흐뭇한 정경이었다.

조카들인 승우도 신우도 대학에서 열심히 공부하니 나중에 좋은 가풍에 따라 최선을 다하면서 살리라고 본다. 보는 사람마다 우리 집은 대복이 터졌다고 좋아하고 사람들이 부러워한다. 아침에 마을 공원에 가니 아기들이 있는 집이 몇 집 더 모였다. 텅 빈 공간에 여럿이 모여서 한때를 즐겁게 보냈다. 며느리가 우리 집에서 지내는 것이 마음 편했으면 좋겠다.

낮에는 오리 훈제고기로 식탁을 차리니 모두들 잘 먹는다. 내년 추석엔 점심을 해가지고 아예 북서울 꿈의 숲으로 가면 어떨까 생각한다. 윗사람이 사랑으로 베풀면 아랫사람들은 저절로 따라 오는 것이 아닐까. 내가 행복한 마음이면 다른 사람도 같은 마음이 될 것이다.

아기들이 기헌이가 탄 흔들의자를 얼마나 잘 돌리며 노는지 모르겠다. 계단도 조심조심 잘도 올라 다니는 게 신기하다. 언제나 조용한 기환이는 제 삼촌만 오면 물 만난 고기처럼 좋아한다. 삼촌의 무릎에 쏙 들어앉아서 떠날 줄을 모른다.

2000년에 돌아가신 시어머님이 갑자기 보고 싶다. 둘째 시동생도 엄마 생각이 난다면서 가끔 운다고 한다. 이제야 나보고도 수고하신다며, 이렇게 밥을 먹게 해줘서 고맙다고 안하던 인사까지 한다. 말

한마디에 천냥 빚을 갚는다는 말은 이런 때를 두고 하는 말이 아니겠는가. 나의 건강이 허락하는 한 함께한 가족들에게 최선을 다하고 싶다.

얼마나 피곤했는지 설거지도 미루고 잠자리에 들었다. 대전 동서는 동서대로 김치도 맛있고, 송편도 맛있고 오리훈제도 좋았다고 한다. 칭찬이 주는 효과가 얼마나 큰지 모른다. 기웅이가 물에 담근 짠무를 얼마나 잘 먹는지, 개운한 맛을 좋아하는 건 어른이나 아이나 다름없다 싶어서 신기하다.

대전 시동생이 정성스럽게 깎아 온 밤이 제 역할을 톡톡히 했다. 아이들이 작은 할머니들이 오라고 해도 한사코 가지 않고 나에게만 팔을 벌리니 다소 미안하다.

♣ 2011년 9월 14일 수요일 맑음

내일 모레는 시아버님 제삿날이다. 명절 지내고 돌아서니 아버님 제사, 또 며칠 지나면 시할머니 제사다. 우리 집은 여름부터 초가을까지 제사로 시작해서 제사로 끝난다. 어서 어서 세월아 가거라. 세월이 가야 할 일 따라 내가 할 1년의 일도 마무리되는 것이 아닐까. 홀가분해지는 기쁨이 크다. 추석이 지난 지 며칠 되었는데도 더위는 가실 줄 모른다.

여름장마가 길어서 흉년이 들까봐 농사를 짓지 않는 나도 농부의 마음으로 벼며 과일이며 채소 등 먹을거리 걱정으로 온 여름을 보냈다. 추석에 비가 오면 흉년이 든다는 속설이 있어 비가 올까 노심초사했는데 다행히 밝은 달을 볼 수 있었다. 내년에도 먹을거리 걱정이 없게 풍년이 들라고 빌었다. 가을 햇볕이 얼마나 따사로운가. 자연의

오묘한 이치가 신비롭다.

저녁 때 또 다시 아들네 집으로 발길을 돌린다. 며느리가 이번 추석에 아기가 아파 어머니 혼자서 애를 쓰셨으니, 할아버지 제사에는 제가 전을 부치겠다고 한다. 곰살 맞은 그녀가 참 예쁘다.

아이들은 제법 사내티를 내며 논다. 두 녀석 또는 세 녀석이 어우러져 서로의 몸에 올라가 엉키고 울면서 하루가 간다. 기윤이가 제 동생들을 예쁘다고 하면서도 좀 심하게 다루는 기미가 가끔 보인다.

그럴 때마다 제 어미는 아이들이 어떻게 될까봐 자지러지는 소리를 내며 놀란다. 아무리 어린애라고 해도 제 동생 귀한 줄 아는 아이가 함부로 하랴 싶은 마음에 나는 그냥 두고 본다. 기윤이의 인격과 형제애를 믿고 싶다.

♣ 2011년 9월 15일 목요일 맑음

날씨가 좋을 때 아기들 운동을 시켜야지 싶어서 일찍부터 서둘러 아들네 집으로 간다. 내가 나타나면 밖에 나가자고 제일 먼저 서두르는 기헌이가 오늘도 손뼉을 치며 좋아한다. 어느새 신발을 들고 신겨 달라고 발을 동동 구른다. 언제 보았는지 기웅이도 재빠르게 현관에 앉아서 발을 내미는데, 제 엄마가 따라 나서지 않는 것을 감지한 기환이는 딴청을 부린다.

오늘은 기헌이와 기웅이만 데리고 나가니 한결 홀가분하다. 아이들이 내 양손을 잡고 가니 편하다. 기웅이는 여기저기 닥치는 대로 놀이기구를 타고 왔다갔다하는데, 신중하고 겁이 많은 기헌이는 여전히 내 주위를 맴돌거나 낮은 미끄럼틀만 오르내린다. 같은 형제인데도 성향이 판이해서 아이들을 볼 때마다 놀란다.

며느리가 참 예쁘다

♣ 2011년 9월 18일 일요일 맑음

실달학원 봉사 날이다. 오랜만에 암 투병중인 박선옥 고문이 나오니 꼭 오라고 해서 기꺼이 나갔다.

집에 전화를 거니 남편과 선우가 큰아들네 집에 가 있어서 마음이 놓였다. 모처럼 쉬는 날. 일찍 집에 들어가 저녁식사를 준비하려 했는데 피치 못할 사정이 생겨 아쉬웠는데 제 시아버지와 시동생 밥을 챙겨주는 며느리가 참 예쁘다. 시키지 않아도 알아서 제 할 일 찾아 하니 나는 참 복 많은 여인이라고 생각했다.

저녁에 진우가 저희 집으로 오라고 청하니 망설이고 있는 나의 발에 발통을 달아준 셈이다. 아들이 고마워서 한걸음에 달려갔다. 어린이놀이터에 온 식구가 함께 나가서 아기들이 신나게 노는 모습에 저절로 입이 벌어진다.

아기들도 제가 놀거나 무슨 일을 할 때 식구들이 관심을 갖고 봐주는 것을 좋아한다. 저희 부모 형제는 물론이고 할아버지 할머니, 삼촌까지 나서서 웃어주고 응원해 주니 기가 살고 더 흥이 나서 논다.

이런 때 절에 가신 왕할머니와 외국에 나간 고모까지 있었더라면 더욱 좋았을 터인데. 기헌이와 기환이는 두 발을 모아 반짝하고 뛰는데 기웅이는 아직 그것이 잘 안 된다. 두 발이 약간 어긋나게 뛰어도 어여쁘기만 하다. 3,4일 전부터 부단히 연습을 하더니 제법이다.

아기들 노는 모습 보며 실컷 웃었으니 한 10년은 족히 젊어진 기분이다. 아기들도 가족들의 기를 듬뿍 받았을 것 같다. 아이들과 헤어져 선우가 운전하는 차를 타고 집에 오는 마음이 행복하다. 어딘가로 드라이브를 더 하자고 청하면 따라 갈 것 같다.

♣ 2011년 9월 24일 토요일 맑음

아침부터 며느리의 호출이다. 기환이가 나가겠다고 신발을 신고 현관에 서 있단다. 기윤이와 기웅이는 감기에 걸려서 나갈 수가 없는데 아무래도 기헌이와 기환이 바깥바람을 쐬어주어야 할 것 같으니 좀 와달란다.

전화를 끊고 달려갔더니 아들은 지쳐서 잠을 자고, 아이들은 나를 보자 바깥을 가리키면서 나가자고 한다.

축 처져 있는 기윤이에게 아프냐고 물으니 열감기라고 병원에서 그러더란다. 작은 목소리로 조곤조곤 말하는 모습에 내 간이 녹는다. 두 아이는 제 어미가 돌보게 하고 기헌이와 기환이를 데리고 놀이터에 나가서 두어 시간 놀았다.

두 아이가 처음 보는 친구들과도 잘 어울린다. 확실히 기환이가 운동 신경도 발달하고 빨라서 주도적 역할을 한다. 모든 운동의 시작도 기환이부터다. 그런 반면 눈치가 빨라 상황판단도 잘해서 가끔 분란도 일으킨다.

아기들은 서로 옆 사람을 따라 하기를 잘한다. 어떤 때는 나와 제 어미를 당혹스럽게도 하고 박장대소하게도 한다. 다른 아이들은 미처 어떤 놀이를 할 생각도 하지 않고 가만히 있는데 기환이가 앞장서니 가만히 있는 아이들까지 선동하는 격이다. 놀이터의 원통미끄럼틀에도 기헌이는 무서워서 들어가지 못하고 이리저리 살피기만 하는데, 기환이는 겁없이 들어가서 시원하게 미끄럼도 탄다. 그런 면은 나를 닮았고, 기헌이는 빙빙 돌면서 이 길을 가야 해 말아야 해 신중한 것이 제 할아버지를 닮았다. 장손은 장손끼리 통하나? 하고 생각하게 된다.

♣ 2011년 9월 25일 일요일 맑음

오후에 선우가 전화를 했다. 형네 집으로 가려는데 엄마는 어떻게 하실 거냔다. 나도 그리로 갈 거라고 했다. 큰아들네 집에 도착하니 아범은 출근하고 아이들이 제 삼촌과 놀고 있다. 기환이는 제 삼촌 무릎에서 떠나려 하지 않는다.

아이들이 실내 자동차의 운전석을 서로 차지하려는 보이지 않는 경쟁을 한다. 그러나 표면으로는 내색을 하지 않는 영리함을 보인다. 운전석을 차지했던 아이가 음식물을 먹기 위하여 잠깐 자리를 뜨면 얼른 다른 한 녀석이 쫓아가 앉는다. 곧 심한 싸움이 벌어진다. 그럴 때 어른들은 정해진 규칙에 의해서 엄정하게 순서대로 원위치 시킨다. 그러면 아이들이 아무 일도 없다는 듯이 따르며 제 순서를 기다린다. 그러면서도 긴장과 경계심을 늦추지 않고 나름 주시한다. 참으로 신기한 일은 어떻게 그 어린것들이 내부 갈등요인을 겉으로 표출하지 않는가 하는 점이다.

어른들이 조정을 잘해 주니 제 차례가 아닐 때는 포기도 쉽게 한다. 자동차 한 대로 셋이서 하나는 운전하고, 운전석을 차지하지 못한 다른 하나는 잽싸게 뒷자리로 돌아가서 앉는다. 두 번의 기회를 놓친 다른 하나는 차 지붕 위에 어른이 올려놓고 잡고 따라 가면서 나름 규칙대로 움직인다. 이렇듯 평화가 유지된다. 원칙이 무시된 사회의 단면을 생각하면서 어렸을 적부터 부모가 조정역할을 제대로 해준다면 사회는 한결 평화로운 곳이 될 것이라는 생각을 한다.

♣ 2011년 9월 26일 월요일 맑음

올해의 마지막 제사로, 오늘이 할머니 제사다. 여름부터 초가을까지 제사로 한철을 다 보낸 것 같다. 남편과 아들 둘과 추석 차례까지 다섯 번의 제사를 지내고 나면 한 해를 다 살아냈다는 홀가분한 기분이 든다.

직장에 매어 있는 자식들이 집안일에 너무 자주 신경을 쓰게 하는 것 같아 미안하다. 제사를 지내고나서 음복을 하고 가족끼리 모처럼 이야기 몇 마디를 나눈다.

아기들과 씨름하느라 일을 못하는 며느리가 연신 미안해하는 모습이 안쓰럽다. 그래도 이담에 제사를 물려줄 후손들이 있으니 다행이다. 얼마나 많은 사람들이 대를 못이어 아쉬워할까 싶다. 아내가 미안해하거나 속상해 할까봐 내색도 못하면서. 아무리 세상이 변해도 내려오는 전통을 하루아침에 무시할 순 없는 일이 아닐까.

기윤이가 열이 나서 유치원에 보내지 못했다고 한다. 그런데 번번이 아프다고 유치원에 보내지 않으면 자라서도 결석하는 걸 쉽게 생각할까봐 염려가 된다. 기윤이가 세쌍둥이 동생을 거느린 장남인데, 여섯 살이 되도록 제 엄마가 밥을 떠먹여야 하니…. 며느리 허리가 휠 지경이다. 아이들 아범까지 제 아내가 김에 밥을 싸서 먹이는 걸 몇 번 보았다. 낯이 설었지만 그냥 보아 넘겼다. 그런데 오늘도 제 아내가 싸주는 밥을 넙죽넙죽 받아먹는 것이 아닌가. 나는 아들을 나무랐다. “너는 손이 없니? 네 아내가 철인이니? 네가 먹어야지 왜 아내가 싸 주는 밥을 받아먹는 거니?” 하고.

여섯 살 손자를 제 어미가 달래가며 밥을 일일이 떠먹여 주며 온갖 시중 다 들어주는 것도 못마땅한데 제 아비조차 그러는 것 바라보기가 너무 답답해서 한마디 한 것이다.

♣ 2011 9월 27일 화요일 맑음

하루 종일 안방 컴퓨터 앞에 앉아서 보냈더니 한기가 으스스하다. 저녁 때 며느리에게서 전화가 왔기에 춥다고 했더니 오늘 날씨가 장난이 아니게 더웠다고 한다. 같은 날씨를 두고도 운동량이나 상황에 따라 다르게 느껴지나 보다.

걷기 시작한 기헌이가 까치발을 들고 다니는 일이 종종 있다. 제 어미가 이상해서 병원에 문의한 결과, 계속 그렇게 하면 병원에 데리고 오라고 예약이 되어 있는 날이다.

시내에 있는 대학병원에 갔다가 유치원에서 돌아오는 차 시간에 댈 수 없어 유치원에 남아 있는 기윤이 데리러 오가느라 더웠을 듯싶다. 몸과 마음이 바쁘니 얼마나 더웠으랴. 다행으로 기헌이에게 별 이상이 없으니 안심하라고 해서 마음이 놓인다.

♣ 2011년 10월 1일 토요일 맑음

옛날 수영 친구네 결혼식장에 다녀와서 곧장 진우네 집으로 갔다. 진우도 결혼식장에 간다는데 며느리 혼자서 힘들 것 같아서다. 이미 며느리는 지쳤는지 얼굴은 핼쑥하고 피곤한 기색이 역력하다. 잠을 자라며 안방 문을 닫아주었다.

거실에서 놀던 아기들이 제 어미에게 몰려가서 치대고 놀기 때문에 피곤해도 잠 한숨 편히 잘 수가 없다. 아들이 결혼식장에서 돌아왔기에 좀 일찍 집으로 돌아왔다.

며느리가 저녁에 우리 집으로 온다고 한다. 아마도 제 시누이 환영의 뜻이 있나보다. 며느리가 판단이 빠르고 생각이 깊으니 좋다. 저녁 때 온 식구가 모여서 선우가 쏜 음식으로 식사를 하면서 즐거운 한때를 보냈다.

나는 아기들에게 토속음식을 먹이기 위해서 된장찌개와 갈치조림을 상에 내놓았다. 될 수 있으면 아기들에게 어렸을 때부터 우리 입맛을 길들이고 싶은 소망이 있기 때문이다. 아이들이 10개가 되는 약 용기의 뚜껑을 닫았다 열었다 하면서 잘들 가지고 놀았다. 안방에서 뛰기도 하고 그림도 그리면서 노는 아이들, 모처럼 우리 집에 생기가 넘친다.

기윤이는 주황색과 초록색을 주로 쓰고 갈색과 회색 크레파스로 포인트를 주어 자동차의 앞부분과 뒷부분을 잘 그렸다. 색감이 뛰어난 것 같아서 속으로 놀랐다. 기웅이는 초록색으로 연신 원을 그렸다. 네 놈이 방바닥에 배를 깔고 그림을 그리는 모습이 여간 귀엽지가 않다.

다들 저희 집으로 돌아가면서 아범이 잘 쉬었다고 하는 말에 가슴이 벅찼다. 우리 집에 와서 내가 아기들을 돌보는 동안 편히 쉬었다는 말을 듣는 엄마의 기쁨은 엄마가 아니면 느낄 수 없는 행복과 보람이다.

춘천으로 떠난 가족여행

♣ 2011년 10월 3일 월요일 맑음

아침 10시, 춘천에 있는 제이슨 가든이란 곳을 향해 두 가족이 차 두 대에 나누어 타고 떠났다. 기윤 어미가 알고 있고 가보고 싶었던 곳인가 보다. 연휴 마지막 날인데도 얼마나 차가 막히는지. 12시가 되자 밀려 있는 차에서 얼른 내린 기윤 어미가 김밥 6줄을 가져다 준다. 선우와 연서가 게눈 감추듯 4줄을 먹었다. 우리 부부는 두 줄을 나누어 먹었다.

1시가 넘어서 도착하였는데 이미 많은 차들이 들어차 있다. 흔들다리며 분수를 보며 아이들이 좋아했다. 기윤이가 기분이 좋은지 흔들다리를 재미있어 했고, 세쌍둥이는 물을 특히 좋아했다. 야트막하게 나무를 잘게 잘라서 만들어 놓은 길이 다른 여느 길과 달랐다.

기환이는 일찌감치 제 삼촌 품에 매미처럼 달라붙어 선우가 내내 안고 다닌다. 기헌이와 기웅이가 계속 제 엄마에게 안아달라고 팔을 벌리고 발을 동동거렸으나 어느 한 아기를 안아주면 모두 한 번씩은 안아줘야 하기 때문에 아예 받아주지 말라고 했다.

세쌍둥이는 남이 하는 걸 따라 하기를 잘한다. 가만히 있다가도 손이 비는 것 같으면 얼른 안기려고 두 팔을 벌린다. 아기들이 우리 가족을 하나로 묶는 중심에 서 있다. 아기들이 아니라면 독립적인 아들과 딸, 남편과 나들이하기가 쉬운 일인가. 저녁에 집에 오는 길에 칼국수와 만두를 사 먹었다. 아기들이 배가 불룩하도록 먹고 웃옷을 올리며 배를 내미는 모습이 귀여워서 모두 한바탕 웃었다. 올린 옷 아래에서 배꼽이 하얗게 웃고 있었다. 아기들 스스로가 배꼽을 보이기는 처음이다. 왜 사람들은 배가 부르면 배를 내밀고 싶은 것일까. 태양과 맑은 물과 맑은 공기, 가족들과 함께 즐거운 시간을 보낸 행복한 하루였다.

♣ 2011년 10월 4일 화요일 맑음

아이들은 한시도 가만히 있지 않고 일사불란하게 움직인다. 마음에 안 들면 서로 머리통도 때리고 가만히 있다가 얼굴도 할퀸다. 늘 제 엄마가 쓸고 닦는 걸 보아서인지 기헌이도 기환이도 걸레로 방바닥을 야무지게 닦는다. 그 모습이 어찌나 웃음이 나는지 모르겠다.

자동차 운전석에도 한 아기가 앉아 있으면 모른 척하고 있다가도 잠시 자리를 비우는 것 같으면 순식간에 다른 아이가 차지하고 앉는다. 저녁 7시 30분부터 기윤이의 떼가 시작되었다. 자기가 보는 TV프로를 계속 보겠다는 것이다. 아무리 강도를 높여 떼를 써도 제 어미가 모른척하자 분을 참지 못해 부르르 떨면서 제 옷을 쥐어뜯는 것이 거의 한 시간 넘게 계속되었다. 내가 온갖 말로 달래도 듣지 않았다.

이럴 때 내 자식 같으면 한 대 때려서라도 버릇을 고치겠는데, 며느리는 아무런 제재도 가하지 않고 하던 일만 계속한다. 제 아빠가 오니 그때서야 그쳤다. 기윤이의 떼를 그냥 두어선 안 되겠기에 아들에게 말하고 집으로 돌아왔다. 벌써부터 부모가 자식이 하는 대로 보고만 있으면 머리 큰 다음에는 어떻게 통제를 할 것인가. 지금 그 버릇을 고치지 않으면 갈수록 힘든 것이라고 생각하니 머리가 아팠다. 안 되는 건 안 된다고 가르쳐야 하지 않을까?

그런 답답한 꼴을 보면서 아들네 집에 가고 싶지 않다. 그러나 그것 또한 쉬운 일이 아니다. 아들네 집에서 나의 존재 가치는 어느 정도일까 종종 궁금하다. 내가 해줄 수 있는 일이 극히 제한되어 있다.

집에 와서 남편과 딸에게 걱정된다고 하니 대수롭지 않게 생각하는 것 같다. 나 혼자서 심각해서 심장이 벌렁거리는데 남의 일처럼 초연하다. 그러면서 나에게 제 부모가 알아서 할 일을 왜 그렇게 신경을 쓰느냐고 오히려 나를 한심해하는 것 같다. 아들네 일이 곧 내 일인데, 그들의 생각은 나와 판이하다.

♣ 2011년 10월 5일 수요일 맑음

긴 연휴로 이번 달 처음 수영장에 갔다. 물속에 들어가면 아프던 다리도 거뜬하고 몸이 가벼워진다. 오리발을 신고 힘들이지 않고 하는 수영은 지치지도 않는다. 만나는 얼굴마다 활짝 웃음꽃이 핀다.

집에 오다가 휴대폰 문자를 확인했다. 어제 일로 며느리에게서 온 문자가 다소곳이 나를 기다리고 있다. '어머니, 어제 걱정 끼쳐드려서 죄송해요. 오늘은 아가씨랑 영화 재미있게 봤어요. 제가 아이들에게 짜증내는 게 기윤이한테 영향을 미치는 듯해서 속상하네요. 잘할 게요. 다시 지켜봐주세요.' 나는 '내가 생각하기에 너는 최선을 다하고 있다고 생각한다. 그렇게 많은 아이들을 데리고 너만큼 하기도 쉽지 않아. 기윤이가 조금은 걱정이 된다. 엄마에게 함부로 대하는 것 보기가 힘들어 오늘은 집에 있을게.'라고 답을 보냈다.

남편은 나에게 손자가 기윤이 하나가 아닌데 그러지 말고 그렇게 괴로워할 거면 가보라고 했다. 지금 기윤이가 얼마나 힘들겠느냐고, 기윤이 처지를 이해해 주라고 한다.

♣ 2011년 10월 7일 금요일 맑음

어머니를 모시고 예방주사를 맞으러 보건소에 갔다. 어르신들 배려 차원으로 빨리 끝낼 수 있어서 좋았다. 김규성 선생님이 어머니를 오늘은 자신의 어머니로 모시겠다며 왕복 택시비를 내주셨다. 어머니를 여읜 사람들은 남의 어머니도 자신의 어머니처럼 생각되나 보다.

저녁에 아이들을 만났는데 기윤이가 “할머니, 저번에는 죄송했어요. 이제 마음이 좀 풀리셨어요?” 하는 것이 아닌가. 제 어미가 할머니께서 네가 떼쓰는 것 보시고 속상해서 우리 집에 오시지 않는다고, 마음이 풀리면 오실 거라고 했단다. 어린아이가 생각과 마음이 바르니 놀랍다. 이렇듯 반듯하게 크는 기윤인데 내가 괜한 걱정을 한 게 아닌가도 싶다. 아이들과 놀이터에서 놀다가 일찍 집으로 돌아왔다. 기윤이와 화해를 해서인가. 잠자리에 누우니 세상 근심이 없어 좋다.

아들생일과 기윤이의 버릇

♣ 2011년 10월 9일 일요일 맑음

진우 생일이다. 아침 10시부터 온 가족이 광릉불고기 집으로 갔다. 남편은 탁구장 친구들과 불암산에 가고, 진우네 여섯 식구와 선우, 연서가 한 차에 타니 편하다. 기윤이 카시트를 치우고 타니 딱 맞았다.

참숯에 불고기를 구우니 아주 담백해서 맛이 좋다. 진우가 많이 고마워하니 나도 기분이 좋았다. 선우가 제 형에게 상품권을 주었다. 나도 뭔가 선물을 하고 싶었지만 연서에게 돈을 꾸어주고 나니 여유가 없었다. 돈이 없으면 부모 노릇도, 자식노릇도 제대로 할 수 없나 싶었다.

저녁에 영훈네 외할머니 문상을 가려 했지만 나선 김에 다녀오는 것이 나을 듯싶어 상가에 다녀왔다. 집으로 오면서 남편에게 언제쯤 오느냐고 문자를 보내니 함흥차사다. 할 수 없이 전화를 하니 그때서야 받는다. 도무지 가족은 안중에도 없다. 진우가 "그러다가 식구들에게 소외되면 어쩌시려는지 모르겠다."고 한다. 그냥 아버지는 상징적인 존재로 생각하자고 진우를 달랬다.

몇 가지 반찬을 만들어 남편과 진우네 집에 가서 함께 밥을 먹었다. 즐거운 시간이다. 케이크 커팅을 위하여 등을 끄니 기윤이가 제가 다른 일을 하고 있는데 불을 껐다고 계속 떼를 쓴다. 남편이 기윤이가 달라진 것이 없다고 못마땅해 하며 슬슬 버릇을 고쳐야 한다고 한다. 그래도 가족끼리 함께한다는 것은 행복한 일이다. 아기들도 소리를 지르며 좋아한다.

♣ 2011년 10월 12일 수요일 맑음

저녁에 연서와 둘이 기윤네 집에 갔다. 연서가 기윤이를 잘 데리고 놀아서 보기 좋았다. 새로운 윷놀이를 하면서 아이의 기분을 잘 맞춰준다. 제 부모만 좋아하는 기윤이가 고모와 환히 웃으며 노는 것을 보니 나도 마음이 가벼웠다. 연서는 귀엽다고 아이를 귀찮게 하지 않고 필요할 때만 원하는 대로 해 주어야 한다고 말한다.

며느리 말에 의하면 병원에서 간호사가 사탕을 주기 위하여 "기헌이" 하고 부르면 기헌이가 손을 번쩍 들고, "기환이" 하면 기환이가 손을 들고, "기웅이" 하면 기웅이가 손을 든다고 한다. 시험 삼아 식구들 이름을 부르면 아기들이 정확하게 손가락으로 가리킨다.

두 돌이 지났으니 전혀 신기할 일도 아닌데 우리는 눈이 번쩍 뜰 만큼 신기하다며 호들갑을 떤다. 고슴도치 사랑이 아닌가. 이제 엄마 아빠 부르고, 나를 부를 때 '할~'까지 하니 또 신기하다.

며느리에게 어제 문자를 보내고 전화를 걸어도 아무 답이 없어 걱정되었다고 하니 아기들이 아파서 정신이 없었다고 한다. 그러면서 "그런 일 가지고 신경을 쓰셨느냐."고 한다.

연서는 엄마가 크게 도움이 되지 않으니 언니가 부를 때만 가라고 제 아버지와 똑같은 말을 한다. 어지간한 일로 며느리가 시어머니를 부르지 않을 것은 뻔한 일이고, 그렇다면 내가 아들네 집에 갈 일이 무엇이 있겠는가. 그러나 하루라도 안부를 묻지 않고는 불안해서 견딜 수가 없으니 이것이 부모 맘인지 노파심인지 내 성격인지 모르겠다.

밝은 달을 보며 연서와 둘이 집으로 돌아왔다. 무언가 아이들에게 해준 것 같아서 뿌듯하다. 집에 오니 큰시누이 남편이 위독하다고 막내시동생이 전화를 했다. 그동안 몇 번인가 입원하셨는데, 또 얼마 전에 조카딸을 보낸 터라 마음이 아팠다.

♣ 2011년 10월 15일 토요일 비

남편은 출근하고, 아이들도 결혼식에 참석한다고 나가고 혼자 남았다. 가을비가 아쉬운 차에 약비가 내린다.

하루 종일 컴퓨터 앞에 있다가 지루하면 책을 읽었다. 아기들을 보러 갈까 생각했지만 비가 억수같이 쏟아지니 가지도 못했다. 또 아들도 쉬는 날 저희끼리 오붓하게 지내게 해주고 싶기도 했다.

오후 4시가 넘어서 며느리가 전화가 했다. 아기들이 감기에 걸려서 병원에 다녀와야 하니 오실 수 있냐는 호출이다. 그리고 아범이 출근을 했단다. "그렇게 아프면 전화를 하지 그랬느냐고, 그렇지 않아도 비가 억수같이 쏟아져서 가지 못했다."면서 전화를 끊고 달려갔다.

나는 나대로, 며느리는 며느리대로 조심하면서 살고 있구나. 고부간에 서로의 진심을 몰라 날이면 날마다 살얼음판을 걷는 심정으로 살고 있구나. 진우네가 이사 와서 6개월까지, 내가 아무리 말려도 아침식사만 마치면 증손자들을 봐준다는 명분으로 손자네 집으로 달려가시던 어머니, 지금은 내가 가시자고 하기 전에는 가시지 않는다. 처음에 점심이라도 잡숫고 가시라 해도 듣지 않더니 이제라도 깨달으셨으니 다행이다. 손자며느리는 그렇다 치더라도 매일 오셔서 참견하는 노할머니를 좋아할 도우미아주머니가 세상에 어디 있으랴.

며느리까지 다섯 명이 병원에서 약을 한보따리 들고 돌아왔다. 빵, 과자, 우유, 과일 등을 먹이지 말고 밥이나 죽만 먹이고, 과일도 홍시나 바나나만 먹이라는 의사의 당부에 나는 또 후회가 밀려왔다. 며느리가 우리 집 2층으로 이사 오면 안 되냐고 물어왔을 때 그렇게 했더라면 지금처럼 아기들이 자주 병원에 다니지 않았을 텐데 하는 자책으로 괴롭다. 사 먹이는 음식보다는 만들어서 먹이는 음식이 나을 것이다. 처음에는 열심히 반찬을 만들어 날랐지만, 공연한 일 같아서 어느 순간부터 그만 두었던 것이다.

스스로 알아서 행하기란 참 어려운 일이다. 한 집에 여자는 꼭 한 사람만 있어야 한다는 말이 떠오른다. 젊은 시절, 어쩌다가 우리 집에 다니러 오신 시어머니가 부엌살림을 당신 맘대로 바꾸어 놓으시면 몹시 불편했던 생각이 나서 나는 살림을 거들고 싶어도 참는다. 참견이 되기 때문이다.

지금 며느리와 나는 완충지대를 형성하면서 살고 있다고 생각한다. 저희들이 필요하면 부를 것이니, 부를 때 가라고 남편과 딸이 당부해도 저녁때만 되면 아기들을 돌봐줘야 한다는 의무감으로 달려가게 된다. 사람의 마음을 유리 속처럼 서로 들여다 볼 수 있다면 세상이 어떨까 생각해본다. 그렇다면 평화로운 세상이 펼쳐지지 못할 거라는 생각이 들어 혼자서 놀란다. 차라리 서로의 진심을 몰라 시행착오를 일으키는 지금이 오히려 나을 것이다.

내일 내가 1박 2일로 문학기행 떠나는 것을 며느리가 안다면 우리 식구들 식사에 신경 쓸까봐 아무 말도 하지 않는다.

♣ 2011년 10월 19일 수요일 맑음

연서는 부산으로 면접시험을 보러 떠났다. 수영을 하고 아들네 집에 갔더니 문도 잠그지 않고 식구가 아무도 없다. 창문 너머로 내려다보니 우리 아기들이 보였다. 내려갔더니 며느리는 반기는데 아기들이 아파서 제 엄마를 조금도 떨어지려 하지 않는다. 기웅이는 울음으로 모든 걸 해결하려 하고, 기헌이도 제 엄마에게 바짝 달라붙어서 도무지 떨어지지 않는다.

정말 답답하고 안타깝다. 내가 해줄 수 있는 일은 아기들과 놀아주는 일인데, 내가 손을 내밀면 도리질을 하니 이럴 땐 정말 민망하다. 그래도 시간이 지나자 아기들은 언제 그랬느냐는 듯 잘 웃고 따른다.

집에 오는 길에 신호등에서 아들과 만났다. 참 반가웠다. 오늘 사내 홍보용 동영상에 낼 인터뷰를 했다고 한다. 모레 집으로 오는 인터뷰는 어떻게 하느냐고 물으니 일하면서 아기 보는 아버지를 찍기에 저희들끼리 있겠다는 거였다.

며칠 전 며느리와 이야기를 하는 중에 가장 어려운 일은 어머니께서 한 번씩 "오늘 너희 집에 갈까, 말까?" 전화로 묻는 것이라고 한다. "내가 매일 너희 집에 가는 일이 잘하는 일인지 모를 때, 너에게 묻지 않을 수 없어서 그랬다."고 했다. 시어머니 좋아하는 며느리 없다고 하는데, 평생 함께해야 할 관계이니 내가 도움이 되는지 아닌지를 알아야 해서 묻는 것이다. 돌아온 대답은 "어머니께서 오시면 아이들도 보아주고 거들어 주시니 여러 가지로 도움을 받아 좋지만, 어머니가 오시지 않을 때도 그럭저럭 지낸다."였다. 이제 매일 가지 않아도 되겠다는 뜻으로 들리니 역시 묻길 잘했다.

남편과 딸이 나에게 매일 가지 말고 아기들이 보고 싶을 때에 가라고 한 말이 생각났다. 나에게 오지랖 넓고 걱정이 많다고 하는 이유가 여기 있구나. 사람 사이에, 특히 고부간에 알아서 처신하기가 참으로 힘들다는 것을 새삼 느낀다. 나는 며느리에게 묻길 잘했다고, 스스로 대견한 생각이 들었다.

♣ 2011년 10월 20일 목요일 맑음

남편이 친구 병문안을 갔기에 저녁 준비를 할 일도 없어서 오늘 어린이집에서 야외학습으로 고구마를 캐러 간 아기들이 잘 노는지 전화를 거니 칭얼거린다고 해서 달려갔다.

문밖으로 아이들 우는 소리가 들려왔다. 순간 오길 잘했다고 스스로 생각했다. 아무래도 몸이 불편한가 보다. 내가 오라고 하자 처음에는 싫다고 제 엄마에게 달라붙던 아이들이 시간이 지나면서 차츰 태도가 바뀐다. 기환이는 무슨 생각에선지 덥석 나에게 뽀뽀를 한다. 다른 아이들은 빵도 주는 대로 먹는데 기환이는 기윤이가 먹는 것만 달라고 한단다. 기환이는 관찰력도 뛰어나고 머리도 보통 영리한 게 아니다.

며느리와 대화중에 일을 시작할 계획이라고 한다. 기윤이와 계속 붙어있는 것이 오히려 그 아이에게는 독이 됨을 느끼기 때문이란다. 여섯 살이 되도록 밥을 떠먹여주고 모든 일을 제 엄마와 해야 하는 줄 아는 기윤이를 보면서, 어머니가 가르쳐주신 교육방침이 맞는다고 느꼈다는 것이다. 어머니가 직장을 다니며 자녀를 훌륭하게 키우셨듯이 자신도 그렇게 하고 싶다는 것이다. 세쌍둥이는 걱정이 되지 않는데 기윤이가 걱정이라고 했다.

일하는 여인의 아름다움을 뒤늦게 깨달았나보다.

그런 나의 의중을 비치며 그 일을 하고 있는 친구의 전화번호를 주었더니 초등학교에 그런 시스템이 있는 줄은 몰랐다고, 어머님의 뜻을 잘 알겠다고 했다. 성공한 한 사람의 사례만 듣고 섣불리 결심한 것은 아닌지 노파심이 들었으나 그런 건 아니라고 하니 그나마 다행이다. 한 사람의 고객이라도 끌어들이려는 이익단체와 가족의 생각은 엄연히 다른데, 며느리는 그 사람들 말을 전적으로 믿지 않는다니 안심이 되었다.

♣ 2011년 10월 26일 수요일 맑음

저녁에 연서와 기윤네 집에 갔다. 집안은 어수선하고 세탁기 옆에는 미처 빨지 못한 옷들이 가득하다. 기윤이는 제 고모를 반긴다. 안 본 동안 아기들이 수척해진 것 같다. 제 어미가 일을 해서 아기들이 수척해진 것 아니냐고 물으니 아니란다.

그 속에서도 며느리와 아이들은 신나는 모양이다. 며느리가 나가서 일을 하니 몸은 피곤하지만 마음은 편하다고 한다. 마음이 편하다고 하니 더 바랄 게 무엇이겠는가.

기윤네 집에서 연서의 취업소식을 들었다. 우리는 너무 기뻐서 서로 껴안았다. 연서가 호주에서 오자마자 취업이 되었다고 며느리도 아주 반가워한다. 자신도 일을 하게 되었고 시누이도 취업이 되었다니 좋은가보다. 이제 우리 집에 더욱 좋은 일이 있었으면 좋겠다고 덕담을 주고받았다.

아들이 며칠 전에 찍은 사내홍보물 '워킹 대디의 생활'을 담은 동영상을 가지고 와서 함께 봤다. 사회자가 진우에게 퇴근하는 심정이 어떠냐고 물으니 2부 근무에 들어가는 것 같다는 대답을 해서 마음이 짠했다. 가장을 해바라기하면서 행복해 하는 아들네 식구 모습이 보기 좋다. 그것은 가장의 헌신이 가져다준 결과일 것이다. 제가 이룬 가정을 소중히 여기는 아들 내외와, 그 밑에 태어난 아이들은 복 받았다고 생각된다.

♣ 2011년 10월 29일 토요일 비

가을비가 추적추적 내린다. 청소를 해놓고 기윤이가 좋아하는 불고기와 깍두기, 하루나를 무치고 게 무침을 해놓고 기다리는데 오전이 다 지나도록 오질 않는다. 왜 안 오는지 불안해하고 있는데 그렇게 불안하면 전화를 걸어 보라고 연서가 쏘아붙인다. 지나가는 몇 대의 차가 그들인 줄 알고 바깥을 쳐다보다가 아들이 누르는 초인종 소리를 들었다.

1주일에 한 번씩은 아이들이 왔으면 싶다. 기환이는 새로운 것들을 보면 무심히 보는 법이 없다. 자세히 살펴보면서 가지고 논다. 내가 시장에 가는 기미를 알아차리고 얼른 따라 나서다가 제 엄마가 움직이지 않으니 도로 들어간다. 진우가 아이들이 모두 기환이 같으면 좋겠다고 한다.

♣ 2011년 10월 30일 일요일 맑음

연서가 부산으로 내려가기에 저녁식사를 함께하기로 했다. 큰아들네를 부르려니 연서가 번거롭다고 했다. 나는 매일 외식이나 한다고 며느리가 생각할까봐 연락을 하지 않았다. 저녁 때 며느리에게서 연서와 밥을 먹으면 좋겠다고 전화를 했다. 며칠 있으면 기윤이 생일이라 연락을 안했다고 하니 오늘 저녁은 어머니가 내시고 다음에는 자기네가 내겠다고 해서 흔쾌히 대답하고 약속시간에 맞춰 음식점으로 갔다.

아기들 놀이터가 있어서 가족모임 하기가 좋은 곳이다. 음식 값이 좀 비싼 것이 흠이긴 하지만. 기윤이와 기환이가 놀이터 오락기 앞에서 얼마나 잘 노는지 모르겠다. 나중에는 저희들 넷이 뭉쳐 논다. 시제에 다녀온 남편도 탁구를 치러갔던 선우도 한데 모이니 매일이 오늘만 같으면 좋겠다. 기환이는 제 아비보다 삼촌을 더 좋아하고, 기헌이는 일찌감치 제 아비 무릎을 차지하고 음식도 주는 대로 잘 받아먹는다.

아이들도 모두 함께 있는 게 좋은지 신이 났다. 기윤이도 처음 서울에 올 때보다 많이 활달해져서 좋다. 부모 자식이 가까이 살면서 서로 자주 만나니 행복한 일이 아니겠는가. 우리끼리 행복한 시간을 보내면서 절에 가 계신 어머니 생각이 났다. 사사건건 불평을 하시지 않으면 이렇게 좋은 시간도 함께 보내련만, 불만이 많고 스스로 못 견뎌서 떠나시니, 잘해드리지 못하면서도 함께하지 못하는 점이 아쉽다.

선우와 연서는 다시 제 형네 집으로 가고, 나는 남편을 따라 집으로 왔다. 음식점에 갈 때 보이던 초승달이 집에 올 때는 어디로 숨었는지 아무리 찾아도 흔적이 없다.

♣ 2011년 10월 31일 월요일 맑음

어느새 10월의 마지막 날이다. 살아온 날에 대해 많은 생각이 오간다. 초등학교 때는 학교에 다녀와서 가방을 방에 던지고 뛰놀던 5월이 특별했는데, 예순의 중반 고갯마루에 선 지금은 10월이 1년 중 가장 특별하다. 10월 보내기가 이별하지 않으면 아니 될 임을 떠나보내는 마음이다.

발길이 마당으로 향한다. 마당 가운데 길을 두고 양쪽으로 죽 늘어선 화분에는 피고 지던 식물들의 흔적이 남아있다. 아직도 햇볕 가까이에는 통통한 열매가 가득 든 결명자 나무가 서있다. 향이 온 집안 가득해서 코를 벌름거리게 하며 우리를 행복하게 해 주던 라일락과 옥잠화, 만지고 싶은 탐스런 머리통 같던 수국, 주황색이 유난히 예쁜 나리, 무궁화나무 밑 응달진 곳에 숨듯이 피었던 연분홍산나리와 마른 가지만 남은 백장미, 가시가 성성한 두릅나무와 산당화의 빨갛게 물들어가는 흔적이 황홀했던 시절을 반추하는 듯 서 있다.

떠나는 가을이 아쉬워 한동안 마당을 쓸지 않고 두었더니 떨어진 감잎이 수북하다. 이제 또 다른 이별을 준비해야할 것 같다. 딸은 부산의 일터로 떠날 준비를 하고, 나도 이제 손자들로부터 자유로울 시점에 서 있음을 감지한다. 모든 건 때가 있는 것이고, 지금이 바로 그때이다.

아들네 갔더니 요즘 새로 일을 시작한 제 엄마 곁을 떠나지 않으려고 아이들이 필사적이다. 마치 어미 품을 파고드는 병아리들 같다. 며느리 말이 오랜 세월 직장에 다니면서도 자식들을 무난하게 키운 어머니를 보면서 아이들 옆에 있는 것만이 능사가 아니라는 결론을 얻었다는 이야기를 또 한다.

내가 가장 귀히 여기는 며느리의 본보기가 되었다고 삶의 의미를 부여하고 싶다. 얼마 전까지 아기들이 나에게 잘도 오더니 요즘은 내가 오라고 하면 도리질을 한다. 여름 한동안 내가 아이들을 놀이터에 데리고 다녔더니 나만 가면 밖에 나가고 싶어 아이들이 좋아했는데 이제는 아니다.

그러고 보니 아들네가 우리 집 근처로 이사 온 지 1년이 지났다. 그동안 70을 바라보는 남편이 퇴근해서 썰렁한 집에서 홀로 저녁식사를 한다는 것은 생각지도 않고 아들네 집으로만 달려갔다. 물불 안 가리고 다니던 아들네도 이제 어느 정도 자리를 잡아가고 내 도움 없이도 잘 지낼 것 같다.

월정사에서

세쌍둥이가 변을 가리기 시작했다

♣ 2011년 11월 4일 금요일 맑음

아기들이 변을 가리려고 서로 번갈아 가며 고추를 변기에 집어넣으며 앉는다. 처음에 기환이가 앉았다가 일어나니 기웅이가 앉았다 일어나고, 기헌이가 기다렸다가 변기에 앉는다. 서로 보면서 같은 행동을 하니 따로 교육을 시킬 필요가 없을 것 같다. 아이들은 따라 하기 대장들이다. 어린이집에서 오줌 가리는 법을 배우고 집에 와서 재미있게 하고 있다.

기환이가 심각하게 한 곳에 서 있다가 손으로 뒤를 가리켜 바지를 벗기니 염소 똥처럼 동글동글한 똥이 한 덩이 들어있다. 변기에 털었더니 깨끗하게 처리되었다. 한 녀석이 소변을 서서 싸면 다른 아이들도 모두 따라서 한다. 세쌍둥이는 형제들끼리 서로 바라보며, 하나가 새로운 행동을 하면 용케 따라 한다.

♣ 2011년 11월 6일 일요일 비

기윤이의 생일이 11월 10일이어서 가을비가 오는데 큰아들네와 광릉불고기 집에서 외식을 하였다. 제 아빠는 10월 11일 용케 한 달차이로 1일 겹친다. 아들이 날보고 성인병이 무서우니 밥을 조금씩 잡수시라고 경고를 했다. 아들이 아니면 누가 그토록 간곡히 걱정해 줄까.

온 식구가 함께 차를 타고 가는 동안 남편은 잊지 않고 뿌리 교육을 시켰다. 가족이 한 차에 타고 가면서 하는 교육은 집중도 잘되고 동질감이 있어 좋다.

마침 기윤이의 생일 덕담으로 씩씩하고 의젓해서 예쁘다고 했더니 기분이 좋은지 연신 웃으며 장난을 친다. 기웅이의 수줍어하는 행동은 얼마나 귀여운지 모르겠다. 기환이는 은근한 미소를 소리 없이 짓고, 기헌이는 오직 제 엄마 손끝에서 떠날 줄을 모른다.

♣ 2011년 11월 11일 금요일 맑음

남편이 식사를 하고 온다기에 오후에 기윤네 집에 가서 아기들과 놀았다. 기환이가 제 형이 하는 게임을 유심히 보고 있다가 잘도 따라한다. 신기하다. 제 어미는 아이들이 컴퓨터게임에 빠질까봐 안 시키는데 제 아비는 아이들과 함께한다. 남자들은 생리적으로 컴퓨터 게임을 좋아해서 너무 어릴 때 컴퓨터 게임을 하면 공부에 방해가 된다는 것을 알 텐데, 귀찮아서인지 말리기는커녕 함께하는 것을 보면 한심하다.

마침 며느리 큰어머님에게 전화가 왔다. 물티슈가 얼마나 인체에 해로운 것인지를 말씀해 주셨다. 나도 몸에 해로운 거라고 말해 주었다. 뜻이 맞는 사돈어른이어서 든든하다.

♣ 2011년 11월 16일 수요일 맑음

저녁에 기윤네 집에 갔다. 오늘도 기윤이는 나를 소 닭 보듯 한다. 제 어미가 기윤이에게 할머니께 애교를 부려보라고 하니 양손으로 제 입을 힘껏 벌려 흉물스럽게 했다.

기환이가 심각한 표정으로 한쪽에 서서 똥을 싸더니 똥이 떨어질까 봐 나에게 빨리 닦으라고 "어어" 하면서 손가락으로 가리킨다. 휴지로 닦으니 돌덩이처럼 단단하다. 나는 무슨 보물인 양 똥을 제 어미에게 보이며 둘이 박장대소를 했다. 세상에 오물을 가지고 그리 유쾌하게 웃을 수 있는 것은 자식뿐일 것이다. 어떤 때는 똥을 싸면 사람 근처에 오지 않고 멀리 홀로 서있거나 엎드려 있다. 민망해 하는 모습이 너무나 귀엽다. 민망해서 히죽이 웃는 모습을 보면서 나는 많은 생각을 한다. 얼마나 양심적인가. 세상의 모든 어른들이 우리 아이들같이 수치심을 안다면 경찰도 필요 없고, 법도 법원도 국회마저도 필요 없게 되지 않을까.

어른이 어린이 마음이라면 그런 세계가 우리가 꿈꾸는 지상낙원이 아닐까?

♣ 2011년 11월 18일 금요일 맑음

며느리가 회사에서 늦는다고 나에게 어린이집에 가서 아이들을 데려오란다. 나는 사명을 완수하기 위하여 수영을 끝내고, 남편의 식사를 준비해 놓고 부리나케 기윤네로 갔더니 4시 20분이었다.

집에 들어서니 아주 깨끗하게 집안 정리가 되어 있어서 깜짝 놀랐다. 특히 아들의 책상이 날아갈 듯이 깨끗이 정리가 되어 있다. 이사 온 지 1년 2개월 만에 처음으로 날아갈 듯 깨끗하게 정리된 집 안 풍경이다.

업무 수행을 위하여 조용히 연구를 해야 할 아들이 사내(社內) 인터뷰에서 퇴근하는 기분을 물어왔을 때 다시 2부 근무에 들어가는 심정이라고 토로한 말에 어머니로서 가슴이 아팠고, 자신의 꿈을 좋은 아버지가 되는 것으로 바꾸었다는 아들의 말에 감동을 받았다. 사람이 마음대로 살 수 없지만 너무나 안쓰럽다. 사람의 능력이 어디까지인가 싶다.

어린이집에 아기들을 데리러 갔다. 선생님께서 “애들아 할머니 오셨다.”고 하니 기웅이가 기다렸다는 듯이 튀어 나오고, 그 다음 기헌이가 나오고, 기환이는 제가 가지고 놀던 벽돌 장난감을 제자리에 정리하느라 바쁘다. 기웅이는 앞뒤 돌아보지 않고 나를 향해 뛰어오는데 기환이는 하던 일을 정리하고 있다. 기헌이가 제 어미 없는 것을 알아채고는 집에 들어가지 않고 밖으로 다시 나가자고 한다. 다른 아이들은 제 어미에 대한 집착이 없는데, 가장 먼저 나온 기헌이는 제 어미에 대한 집착이 날이 갈수록 커진다.

한 배에서 한날한시에 태어난 아이들도 이렇게 제각각인데, 세계 인구 70억이 그 인구수만큼 다른 것은 너무 당연한 일이 아닐까. 형제들끼리 노느라 기헌이도 이내 잠잠해졌다.

♣ 2011년 12월 5일 월요일 흐림

기헌이가 고환 수종 수술을 하는 날이어서 아침 7시 30분에 집에서 떠났다. 수술 시간이 9시라서 집에서 일찍 떠났다. 차를 세 번을 갈아타도 대중교통을 이용하는 게 더 빠르다는 것은 언젠가 병원에 가느라고 택시를 타고 가다가 낭패를 본 뒤 깨달았다.

며느리가 일찌감치 대중교통을 이용했다. 내가 택시보다 버스가 더 빠르다고 말했을 때, 처음에 내 말을 믿지 않다가 본인이 체험하고서야 믿게 된 것이다.

나는 집에 남아서 기환이와 기웅이를 어린이집에 보내야 한다. 기웅이는 순순히 옷을 입고 신발을 신더니 1층에 도착하자 어린이 집 반대편 문으로 가겠다고 고집을 피웠다. 기웅이는 밖으로 나가고 싶어 했고, 기환이는 아예 집에서 한 발자국도 나가길 거부했다. 한참 실랑이를 벌이던 기환이는 안 되겠다 싶었는지 눈치 빠르게 제가 어떻게 해야 하는지를 감지하는 재치가 있다. 그리고 아니다 싶으면 울지도 않고 잘 논다. 기환이는 제 큰형이 하는 대로 따라 하더니 모든 면에 셋 중에서 제일 영악하다.

기헌이가 수술하는 바람에 아침저녁 두 차례씩 아이들을 데려다 주고 데려왔더니 힘이 들다. 어둠을 이고 떨어지지 않는 발길로 간신히 집에 왔다.

♣ 2011년 12월 6일 화요일 맑음

저녁 때 아들네 집에 가니 며느리가 반색을 하면서 그렇지 않아도 어머니가 오셨으면 했다면서 너무 힘들어하시는 것 같아서 말씀을 못 드렸다고 한다. 모임에서 저녁식사를 하고 오겠다는 남편의 전화를 받자마자 나는 아들네 집으로 달려간 것이다. 기헌이가 수종 수술을 한 후라 그들과 함께하는 게 옳은 것 같아서였다. 그렇지 않아도 진우가 늦게 오니 엄마에게 전화를 하려고 했단다. 내 발로 걸어갔으니 며느리가 반가울 수밖에 없었겠지.

나도 아기들과 놀면서 기쁘기는 마찬가지였다. 기환이가 요위에 돌덩이 같은 똥을 싸놓고 심각하게 나를 끌고 가더니 치우라는 손짓을 한다. 이번에도 아기 똥을 보고 얼마나 재미있게 웃었는지 모른다. 아기들 똥은 왜 염소 똥처럼 동그랄까? 기환이가 얼마나 시원했을까.

♣ 2011년 12월 13일 화요일

아침에 TV에서 다큐멘터리 '할머니가 엄마'라는 프로를 보았다. 순천 낙안에서 큰손자와 여아 세쌍둥이를 할머니 혼자 키우는 내용이다.

할머니 말에 의하면 며느리는 살기가 힘들어서였는지 아기들이 어릴 때 집을 나가고 할머니가 대신 사랑으로 키우는 감동스런 이야기였다. 아이들 아빠는 낮에는 꽃 배달을 하고 저녁엔 대리운전을 하느라 노모에게 자식들을 맡기고 집에 자주 오지도 못한다고 했다. 할머니의 헌신적인 희생과 사랑으로 손자 손녀 넷을 예쁘게 키워내고 있었다. 세쌍둥이 중 막내가 다리도 아프고 발육이 늦어 작년부터 간신히 걷는데, 한 살 터울인 오빠가 여동생을 어찌나 잘 돌보는지 감동

그 자체였다.

매일 자연과 벗하고 할머니가 아기들을 사랑으로 보살피니 그 집엔 웃음이 떠날 사이가 없다. 나도 딱 그 집과 같은 손자를 둔 할머니로서 그들의 삶이 예사로이 보이지 않는다. 그 할머니가 나보다 열 살 아래인 점이 다행이다. 나라면 힘이 부쳐서 감히 꿈도 꾸지 못할 일이 아닐까 싶다.

가족끼리 서로 사랑하는 모습과 아기들이 제 아버지를 가지 못하게 매달리는 모습에 흐르는 눈물을 닦을 생각도 못했다.

♣ 2011년 12월 15일 목요일 맑음

저녁에 아기들을 보러갔더니 아들이 나에게 일주일 만에 오셨다고 한다. 며느리는 나의 걸음걸이가 편찮아 보인다고 했다. 아픈 사실을 숨기고 숨기면서 여기까지 왔는데, 더는 숨길 수가 없어서 사실을 말해 주었다. 아파보지 않은 그들이 내 마음을 어찌 헤아릴 수 있겠는가.

젊었을 때 시어머니와 친정어머니가 다리가 아프다고 노래처럼 말씀하실 때마다 마음이 무거웠다. 그래서 되도록 아이들에게 아픈 내색을 하지 않았는데 이제는 한계에 다다랐다. 도무지 참을 수 없을 만큼 다리를 절룩거리고 있으니, 아들네 집에 가는 일을 나도 모르는 사이에 자제하게 된다. 젊은 시절 이런 날을 예상하지 못하고 너무 함부로 다리를 쓴 결과이리라.

기헌와 기환이가 아이패드를 서로 가지고 놀겠다고 치열하게 싸움을 했다. 기웅이는 제일 어려서인지 울기도 잘하고, 제 맘대로 안 되면 어른에게 도움도 많이 요청한다. 아무래도 심리적으로 불안한가보다.

♣ 2011년 12월 20일 화요일 맑음

팥죽을 끓였는데 아들네 집에 가기는 싫고 아픈 기웅이가 걱정이 되어 며느리에게 문자를 보냈더니 연락이 없다. 여기저기 전화를 해도 도무지 통화가 되질 않으니 불안한 마음만 가득하다.

답답해서 아들에게 전화를 했더니 한 대는 고장이고 휴대전화는 충전이 안 되었다는 대답이 돌아왔다. 소식을 듣기 전까진 숨을 쉴 수 없을 만큼 답답한 내 마음을 그들이 알까. 부모자식 사이가 다 그런가 싶었다. 연말이 가까울수록 어머니 일로도 아이들 일로도 정말 편치 않다.

늘 나의 관심과 보살핌이 있어야 하는데 내 능력이 마치지 못하는 영역 밖의 사람들을 놓고, 나는 언제까지나 편치 않은 마음으로 살아야하나 싶다. 돌봐주자니 몸이 안 따르고 가만히 있자니 마음이 불편해 내내 아픈 이 겨울이 가고 있다.

언제쯤이나 나는 가벼운 마음으로 살 수 있을까. 요즈음 엉치 통증도 심해지고 오금이 당기고 다리도 아픈 게 영 시원치가 않다. 불행은 절대로 혼자 오지 않는다는데, 앞으로의 나에게 다가올 기미가 영 불안하다.

♣ 2011년 12월 22일 목요일 맑음

며느리가 아프단다. 며느리가 아프면 나도 마음부터 아파온다. 얼마나 힘들까 하는 연민 때문이다.

저녁때 아기들을 어린이집에서 데려 왔으면 좋겠다고 해서 뛰어갔더니 어린이집에서 아기들에게 저녁밥을 먹여 보내려고 밥을 먹이고 있다. 선생님의 따뜻한 마음이 얼마나 고마운지 모르겠다. 좋은 선생님을 만나서 일일이 살펴주시니 고맙기 한량없다. 가끔 어린이집에서의 아동학대라든가 좋지 않은 일이 매스컴에 등장하는데 정말 그럴까 하는 생각이 들었다.

어린이 집 교사를 하는 막내동서가 한 말이 생각났다. 직장에 다니는 엄마들은 그러려니 하지만 집에 있는 아기 엄마들이 늦도록 아이를 찾으러 오지 않으면 엄마 때문에 아기를 본의 아니게 미워하게 된단다. 그들도 사람인지라 그럴 수도 있겠다싶다. 그러고 보면 내 집에서 귀여움을 받아야 밖에서도 같은 대우를 받는다는 것이 허언이 아니다.

♣ 2011년 12월 23일 금요일 맑음

한문수업을 마치고 회식을 하고 있는데 며느리가 전화를 했다. 몸이 아팠다는 말에 부리나케 달려갔다. 기윤이는 유치원 가는 차에 태워 보내고, 세쌍둥이는 병아리 호위하는 암탉처럼 어린이집에 데려다 주었다. 아무래도 며느리가 기운이 탈진한데다 신경을 너무나 썼나보다. 아파트 상가에 있는 병원에 가서 링거를 맞는 걸 보고 나도 한문 수업을 받으러 갔다.

며느리는 자신들이 힘들 때 잠시 틈새를 막아주는 내가 고마웠나보다. 병원에 다녀와서 안정을 취했더니 몸이 나았으니 안심하라는 전화다. 며느리가 얼마나 살가운지, 사방에 신경 쓸 일투성인데도 나를 살뜰히 챙겨주니 어여쁘다.

며느리가 아프면 나도 따라 아프다. 사랑하는 사람이 아프면 따라 아프다는 말이 있듯이, 아무래도 우리 고부간은 마음이 한 길로 통하는 사이인가 보다. 며느리 또한 내가 자기 시어머니이어서 얼마나 행복한지 모른다고 한다. 함께 어려움을 헤쳐 나가면서 쉽게 나눌 수 없는 고운 마음이다. 그동안 섭섭한 점도 많고 아쉬운 점도 많았으련만, 그런 것들은 다 잊어버리고 고맙고 좋은 일만 생각하는 며느리가 고맙다.

내일은 토요일이어서 아들이 집에 있으니 나는 잠시 마음을 놓아도 된다. 일주일 내내 회사 일에, 퇴근 후 아기 돌보기에 지쳐 있어서 쉬는 때라도 마음 놓고 쉬어야 하는데 그럴 수 없어서 뼈와 가죽만 남은 모습이 짠하다. 아버지라는 책임감에 의연하게 잘도 견디어 나간다. 가정을 위해 온 힘을 다하니 기특하다. 아기들이 말은 잘 못해도 이제 의사소통이 될 만큼 자랐다. 말귀를 잘 알아들어서 하라는 일과 하지 말라는 일도 구분을 잘한다.

♣ 2012년 3월 10일 토요일 맑음

내가 허리와 다리가 아파서 아들네 집에 가지 못하니 아들네 여섯 식구가 우리 집에 왔다. 기윤이가 맨 앞에 서고 기웅이가 만면에 웃음을 띠며 마당을 가로질러 들어오고, 그 뒤를 이어 기환이가 이곳저곳을 살피며 들어온다. 제 엄마를 제일 많이 차지하면서도 기헌이는 제 엄마 치마꼬리를 잡고 천천히 안으로 들어온다. 기헌이의 신경은

온통 엄마에게 집중되어 있다. 그 바람에 저희들끼리도 잘 노는 다른 아이들까지 제 엄마 앞뒤로 서서 어느 한 부분이라도 손에 잡혀야 안심이다.

우리 집에 머무는 동안만이라도 왕할머니부터 할아버지와 할머니, 삼촌까지 함께 있으니 제 부모들이 조금이라도 아이들로부터 놓여났으면 좋겠다.

기윤이가 마당에 나가 나뭇가지로 마당에 쌓인 나뭇잎들을 들추기도 하고 물오르기 시작한 나무들을 탁탁 치거나 화분의 흙을 들추기도 한다. 어디에서도 해보지 않던 놀이라 재미있나보다. 어디 그뿐인가. 거실에 둘러앉아 돌로 은행 껍질을 까면서 즐거워들 한다. 나는 아이들에게 우리들이 살던 옛 모습을 보여 주고 싶어서 함께 은행껍질을 돌로 찧으며 놀았다. 특히 기환이가 얼마나 암팡지게 은행껍질을 잘게 부스러기로 만드는지 놀랍다.

나는 원시인들이 어떻게 불을 만들어 썼는지 가르쳐주고 싶었다. 그래서 돌끼리 마주 부딪쳐 번쩍이게 하고, 이렇게 불을 만들어 썼다고 기윤이에게 가르쳐 주었다. 기윤이는 눈을 반짝이면서 신기해했다. 안방으로 화장실로 뛰어다니며 신나게 놀던 아이들이 저녁을 먹고 저희 집에 갈 무렵 기어이 일을 저질렀다. 변기에 공과 비누를 넣어서 막혀버렸다. 남편이 얼마나 심하게 아이들과 나를 나무라는지.

아들이 저희 집에 가서 저희는 으레 그러고 사는데 아버지에게 섭섭했다고 했단다. 그러나 아이들이 그동안 변기를 막히게 했다면 따끔하게 꾸중을 하고 그러지 않도록 가르쳤어야 했다. 올바른 사람으로 성장시키기 위해서 또 귀한 자식일수록 엄하게 가르쳐야 한다고 했거늘.

살얼음판을 걷는 심정

♣ 2012년 3월 12일 월요일 맑음

강남한의원에 다닌 뒤로 뜸했던 아들네 집에 갔더니 손자들 넷이서 하나씩 게임기나 휴대전화기를 들고 집중하고 있다.

얼마 전에 의사선생님께 우리 아이들의 이런 모습을 자랑스레 이야기했다가 호되게 나무람을 당했다. 나는 조심스러웠지만 며느리에게 어렵게 말을 건넸다.

어렸을 때부터 너무 일찍 게임에 빠지면 속도감에 취해서 책읽기를 좋아하지 않고 수업에 집중할 수도 없는 뇌구성이 된다는 게임중독에 대한 이야길 했다. 며느리도 그 문제로 심각하게 고민 중이지만 너무 힘드니 본의 아니게 방치하게 된다고 고백했다.

처음에 제 남편이 기윤이에게 승부욕을 키워준다고 부추긴 게임에 4형제에게 모두 확산될까봐 걱정이 되면서도 속수무책이란다. 내가 그들에게 특별히 해주는 것도 없기에 할 말을 잃었다. 아직 세 돌도 안 된 세쌍둥이가 게임기를 쥐고 손가락으로 화면을 문지르면서 눈을 반짝이는 것을 보는 기분은 무거운 돌을 심장 위에 올려놓은 심정이다. 세상이 급변하니 자라나는 아이들이라고 해서 예외겠는가.

어쩌다 우리 집에서도 두 아들이 공격적인 게임을 틀어놓고 눈을 떼지 못했었다. 게임이 그렇게 좋으냐고 물으면 그렇다고 서슴지 않고 대답하던 때가 생각난다. 우리나라는 IT 최대 강국이 아닌가. 이럴 때 나는 어떻게 해야 할머니로서 합당한 처신은 무얼까 판단이 서지 않는다.

얼마 전까지만 해도 나 역시 무서운 폐해가 잠재해 있는 줄도 모르고 그 어린것들을 내심 자랑스럽게 생각한 적이 있으니. 이래서 무식하면 용감한가보다.

♣ 2012년 3월 20일 화요일 맑음

며느리가 늦게 퇴근한다고 기윤이 사형제를 저희 집으로 데려다 줬으면 좋겠다고 한다. 허리디스크와 협착증으로 병원에 다니는 동안 한 번도 가지 못한 아들네를 오랜만에 어머니를 모시고 가느라 일찌감치 집을 나섰다.

기윤이가 좋아하는 김치부침개와 껍질을 까지 않은 땅콩을 들고 열심히 가고 있는데 며느리로부터 일찍 퇴근했다는 전화가 왔다.

아들네 집에 가고도 싶었고, 이왕 나섰으니 그냥 가겠다고 말했다. 나는 아이들에게 줄 간식거리 하나라도 토종으로 해주고 싶다. 며느리가 그런 내 마음을 알까? 며느리는 기윤이를 데리러 정거장으로 갔고, 나는 아기들을 데리러 어린이집으로 갔다. 내가 어린이집에 가자 아이들이 반색을 하면서 뛰어 나왔다. 어린이집 선생님이 내가 가기 직전 아이들이 점퍼를 가져와 입혀달라고 해서 옷을 입히고 계셨다. 할머니가 오실 줄 미리 알았나보다고 신기해 하셨다.

요즘은 아이들이 부쩍 큰 걸 느끼겠다. 조립식 기찻길에 장난감 기차를 가지고 노는데 서로 더 많이 갖겠다고 싸움을 했다. 장난감 기차를 빼앗긴 기환이는 애통해서 울고, 기환이 것까지 빼앗은 기헌이는 기차를 제 종아리 밑에 넣고 능청스럽게 웃고 있다. 기웅이는 제 것을 기찻길에 올려놓고 신나게 놀고 있다. 보통 때 기웅이가 울면 기환이는 제 동생이 울거나 말거나 제 할 일만 집중하는데 오늘은 예외다. 순간적으로 기헌이는 능청쟁이, 기환이는 울보, 그리고 기웅이는 밝은 분위기를 만드는 아이라는 생각이 들었다. 기웅이는 좋으면 좋은 대로, 싫으면 싫은 대로 표현을 하는 것이 막내답다. 원하는 일이 안될 때 역성을 들어달라고 도움을 청하는데, 오늘은 기환이가 울거나 말거나 기웅이 혼자서 신이 났다.

세쌍둥이 중 첫째인 기헌이는 언제나 제 엄마를 독차지해야 직성이 풀린다. 다른 아이들은 저희들끼리 잘 놀다가도 이런 모습을 지켜보고 샘을 부리느라 제 엄마에게 달라붙어 순식간에 아기들에게 둘러싸여 버린다. 아이들마다 집중해서 사랑을 골고루 나누어주는 며느리의 능력이 대단하다는 생각이 든다.

♣ 2012년 3월 22일 목요일 비

손자 사형제가 없었다면 나는 더욱 힘겹게 팍팍한 삶을 살아 낼 수밖에 없었을 것이다. 나는 그들을 희망이라고 부르고 싶다. 손자 넷이 우리 집 마당 안으로 줄지어 들어설 때면 무한한 기쁨과 행복감을 느낀다. 이제까지 텅 비었던 뜰이 하나 가득 기대와 희망으로 꽉 차니 말이다.

부모님은 어느 사이 풀어진 휴지와 같이 흘러가 없어지는 존재이기에 최선을 다해 모셔야하는데 뜻대로 되지 않으니 '부모님 돌아가신 효자는 많아도 산 효자는 없다'는 말이 맞음을 절감한다. 40년 가까이 장모님을 모시면서 까다로운 장모님이 가장 믿고 의지하는 사위로서, 나를 다독이고 북돋워 주는 동반자인 남편과 묵묵히 할머니를 살펴드리는 아들 둘과 딸, 살갑고 효성스런 나의 며느리에게 힘든 나를 지켜주어 고맙다는 말을 전하고 싶다.

웃음소리 가득한 4월의 뜰은 눈부시다

♣ 2012년 4월 8일 일요일 맑음

언제 눈이 왔고 광풍이 불었나 싶게 아기들과 어울린 4월의 뜰은 생기로 가득하다. 산수유와 라일락, 앵두, 매화가 핀 4월의 뜰은 아기들과 함께 어울리니 푸름으로 가득하다.

아이들이 저마다 비눗방울 한 병씩을 들고 마당으로 들어섰다. 아이들이 오는 기미로 벌써 골목부터 시끌벅적하다. 제 어미는 오다 지쳤는지 햇볕 따듯한 정원석에 앉아서 아예 안으로 들어올 생각도 하지 않고, 병아리를 품은 어미닭마냥 아이들이 노는 모습을 바라보고 있다.

아이들은 제가 분 비눗방울을 손가락으로 가리키면서 눈을 맞추느라 바쁘다. 그래도 아이들이 예쁜 짓을 할 때마다 하나씩 품에 안고 가만히 귀엣말을 하면서 어루만지는 며느리의 모습이 눈물겹다.

처음에 기윤이는 막내 기웅이를 아주 예뻐하더니 그 다음에는 바로 제 아래 기헌이를, 지금은 둘째 동생 기환이를 아주 예뻐한다. 동생 옆에 누워서 아기 손을 잡고 만지작거리거나 아니면 아기 손바닥에 제 손가락을 쥐어주면서 흐뭇해한다. 왜 아기들이 돌아가면서 예쁜지는 저 자신도 모른단다.

제 아범이 "기윤아. 우리 멀리 이사 갈까?" 하고 물으니 "싫다."고 한다. 왜 싫으냐고 물으니 첫째는 할머니집이 멀어지는 게 싫고, 두 번째는 유치원이 멀어지는 게 싫고, 세 번째는 북서울 꿈의 숲이 멀어지는 게 싫단다.

기윤이가 나날이 의젓해지는 점이 기특하고 믿음직해서 좋다. 자기는 마당 넓은 할머니집이 좋단다. 다른 아기들도 아직 말은 서툴러도 제 엄마가 '할머니' 하면 '집'이라는 말도 듣기 전에 외투를 입혀달라고 발을 동동 구른단다. 아무 것도 모를 것 같은 어린아이들에게도 평화가 있고, 저희를 사랑해주는 가족이 한데 어울려 자연과 함께할 수 있는 환경이 좋은가 보다.

아이들이 자랄 때까지는 마당 있는 우리 집이 좋을 것이다. 아니 이다음, 커서도 어렸을 적 추억을 마당과 함께 떠올리지 않을까. 이만큼 세월을 살다보니 네 살 때 일부터 기억이 아련하다. 내가 이 세상에 없을 때에도 저희 4형제가 만나면 그때 따뜻한 마당이 있는 할머니 집이 좋았다고 말하지 않을까. 어린 날의 추억은 아무리 되풀이해도 식상하지 않는 메뉴일 것이다. 세월이 흘러 그곳에서 장성한 손자들과 동참할 수 있다면 그때의 기쁨은 말로 다할 수 없겠지.

우리 아이들이 친구들을 데려다 놀던 마당이 아이들이 자라면서 관심 밖으로 밀려났는데, 이제 손자들로 인해 또다시 사랑으로 꽉 차니 이 아니 행복한가.

마당이 불러서 왔다는 며느리의 말이 살랑대는 봄바람처럼 내 귀를 간질인다. 며느리 또한 마당 있는 집에서 오빠와 여동생들, 사촌언니들과 사촌남동생과 어울려 신나게 놀았던 생각이 나나보다.

사실 아기들의 할미로서 온전하게 보살펴 주지도 못하고, 육아일기를 남긴다는 것 자체가 어불성설임을 왜 모르겠는가. 그러나 마음만은 온 힘을 다해 사랑하는 귀한 손자들을, 단지 최선을 다해 부모노릇을 하느라 챙길 새 없던 아들 며느리를 대신해 소중했던 순간들을 잊지 말았으면 하는 마음으로 감히 이 육아일기를 내어 놓는다.

종손인 기윤이를 비롯하여 세쌍둥이 기헌, 기환, 기웅이가 우리 가문을 빛낼 대들보임을 믿어 의심치 않는다. 남이 장군이 역적으로 몰려 억울하게 죽는 바람에 손이 귀한 가문의 후손으로 한 역할을 해준 10대 종손과 종부인 아들 며느리에게 감사한 마음을 전한다.

부모가 자식들에게 남겨줄 수 있는 가장 값진 유산은 좋은 생활습관과 기억에 남을 수 있는 좋은 추억이라는 말이 있지 않은가.

프롤로그

조숙경 (며느리, 세쌍둥이의 엄마)

하루 사이에 복숭아꽃과 목련이 만개했다. 아침 유치원 버스를 타러 가는 아이들의 얼굴도 활짝 폈다. 개나리를 손에 쥐기도 하고 터질 듯한 꽃망울을 어루만지며 아 예뻐 아 예뻐 하며 까르륵 까르륵 웃으며 넘어간다. 나의 아침에 웃음이 가득하다.

매서운 추위 속에서도 봄은 오고 있었구나 싶다. 눈 속에서도 꽃망울은 성글고 있었구나 싶다. 하루아침에 여기저기 봄이 눈에 밟힌다.

내가 제일 좋아하는 순한 연초록빛에 괜스레 설렌다. 바람도 맞고 눈도 맞고 찾아온 봄 속에 피어난 연녹색 잎이 딱 지금의 우리 아이들 같다.

80만분의 1의 기적으로 나에게 찾아온 나의 셋둥이들!

큰아이와 세 살 터울로 계획임신을 하고 임신 5주라는 기쁜 소식을 들은 2주 후 애기집을 확인하러 갔을 때, '애기집이 세 개네요…'라는 의사선생님의 목소리가 꽤 난감했던 것을 기억한다. 주위로부터 축하보다는 근심 어린 염려의 말씀을 들으며, 다른 여러 가지 선택의 가능성들을 들으며 야속해하며 서운해 하며 스스로를 눈물로 위로했다.

선물처럼 찾아온 생명들, 내 안에 살아 숨 쉬고 있는 오롯이 내 몫인 세 생명이 나만이 아닌 모든 이에게 축복이 되고 감동이 되길 바라며 네 아이의 엄마의 삶을 받아들였다.

하루에 몇 차례씩 구토를 하고, 걷지도 못하고, 숨도 쉬기 어려워 링거를 맞으며 7개월을 품었고, 28주 1일만에 1킬로로 태어나 입원해있는 서울대 신생아중환자실로 청주에서부터 아빠가 1주일에 두 번, 짜서 얼린 모유를 나르며 뱃속에 하루라도 더 데리고 있지 못한 미안함을 그렇게라도 대신하려 했었다.

하루 젖병 40개를 두 번씩 씻고 건조하고, 낮밤 없이 안고 먹이고 졸다 먹이고 깨서 먹이고…. 남편 또한 먹인 시간을 잊을까 대학강의실처럼 창을 칠판 삼아 아이들 이름과 시간, 우유 양을 적은 것이 창문을 빼곡 가득 메워나갔고 퇴근 후 지친 몸으로 수많은 밤을 지새우기도 했다. 갑자기 봐주시던 이모가 사정상 그만 두시면 서러움에 눈물이 왈칵, 손발을 동동거리기도 하고. 셋이 동시에 엄마 품에 안기려 울며 떼쓰면 나도 울고 큰애도 울고 아빠 오기만을 기다리기도 하고… 모처럼 먹고 싶어 꽃게찜을 했는데 돌아가며 울거나 먹거나 싸거나 하는 아이들, 급기야 이런 음식 당분간 우리 차지가 아니다 하며 상을 물리던 남편, 그 기억 때문인지 나는 그 이후 아직도 게찜을 하지 않는다.

지금 돌아보면 제일 마음 아픈 건 그런 힘들었던 순간들이 아니라 그런그런 장면들 속에 아이들의 얼굴이 없다는 점이다. 사랑스런 추억이 없다. 언제 엄마라고 처음 했는지 언제 뒤집고 언제 앉고 언제 걸음마를 했는지 모든 게 희미하다. 엄마 아빠 형 아가들 모두 하루하루 살아가는 게, 그저 그것만으로도 대단했을 때이니까.

지금 생각하면 가슴 절이게 안타깝고 미안하다. 다시는 보지 못할 그 시기의 아가들 얼굴이 너무나도 보고 싶다. 꼭꼭 마음에 담아두고 싶다.

그런데 참으로 다행스럽게도 엄마 아빠의 기억에는 희미한 아이들의 모습이 이 책에는 고스란히 담겨있다. 사랑으로 지켜봐 주신 눈길이 있다. 비로소 우리 아이들의 어린 시절이 새록새록 살아난다.

나에겐 정말 소중한 살아있는 우리 아이들의 앨범 같은 책이다. 이렇게 글로 남겨주신, 그리고 책으로까지 엮어주신 어머님께 진심으로 감사드린다.

언제든지 든든한 원조자로 항상 같은 곳에 계셔주시는 어머님, 나도 어머님처럼 그렇게 아이들을 키워 내리라. 누가 봐도 사랑스럽고 겨울을 이겨내서 더 신기한 연하고 연한 새싹들처럼, 우리 아이들도 이제는 활짝 피어나고 훗날에는 무성한 나무로 자라리라.

올 여름이면 네 돌이다. 다섯 살 또래 아이들에 비해 말도 서툴고 작은 몸이지만 당차고 사랑스런 아이들. 만나는 사람들 모두에게 사랑 받고 그만큼 아이들에게도 나에게도 사랑이 더 커진다. 이렇게 나를 더 커지고 깊어지고 자라게 하는 아이들, 하늘이 나에게 준 특별한 선물이 아닐 수 없다.

이만큼 커서 서로 재잘재잘 떠들고, 마주 손잡고 함께 걸으며, 소리내어 넘어가게 웃는 아이들. 이 순간을 놓치지 말고 아이들에게 집중해야지. 맘껏 사랑해야지. 더 많이 품고 더 많이 표현해야지.

엄마를 특별하게 만들어주는 나의 보석들, 기윤 기헌 기환 기웅아, 엄마에게 와줘서 고마워~~~ 사랑해.

그리고, 이 모든 시간 단 한 순간도 나를 혼자 힘들게 하지 않았던 소중한 애들 아빠에게도 감사와 깊은 애정을 전해본다.